高职高专『十二五』精品规划教材

JISUANJI WENHUA JICHU SHIYAN ZHIDAO

计算机
文化基础
实验指导

主　审	刘春静			
主　编	成洪静	秦其虹		
副主编	樊冬梅	李玉吉	刘　杰	张　蕾
编　者	常丽媛	高立丽	高玉珍	姜　猛
	韩秀红	李　磊	李文娜	刘海梅
	刘素丹	王书新	王胜强	赵成刚
	张全英			

U0223040

哈尔滨工业大学出版社
HITP

图书在版编目 (CIP) 数据

计算机文化基础实验指导 / 成洪静，秦其虹主编. —哈尔滨：哈尔滨工业
大学出版社，2012.8
ISBN 978 - 7 - 5603 - 3744 - 9

Ⅰ. ①计… Ⅱ. ①成… ②秦… Ⅲ. ①电子计算机 – 高等
职业教育 – 教学参考资料 Ⅳ. ①TP3

中国版本图书馆 CIP 数据核字（2012）第 177384 号

责任编辑　王子佳
封面设计　唐韵设计
出版发行　哈尔滨工业大学出版社
社　　址　哈尔滨市南岗区复华四道街 10 号　邮编 150006
传　　真　0451-86414749
网　　址　http: // hitpress.hit.edu.cn
印　　刷　天津市蓟县宏图印务有限公司
开　　本　787mm×1092mm　1/16　印张 13.5　字数 408 千字
版　　次　2012 年 8 月第 1 版　2012 年 8 月第 1 次印刷
书　　号　ISBN 978 - 7 - 5603 - 3744 - 9
定　　价　22.00 元

PREFACE 前 言

　　以计算机为核心的现代信息技术，正在对人类社会的发展产生难以估量的影响。计算机已经成为帮助人类思考、计算与决策的有力工具。各个行业都要求其专业技术人员既要熟悉本专业领域知识，又要能够利用计算机解决本专业领域的实际问题。计算机基础教育已成为素质教育不可或缺的重要组成部分，计算机已经成为人类每时每刻不可缺少的工具。计算机基础教育成为和数学、英语同等重要的基础课程，其应用水平的高低已经成为衡量一个合格人才的标准之一。计算机基础课程作为高等院校学生的必修课，被摆在越来越重要的位置。

　　本书是与《计算机文化基础教程》相配套的上机实验教材，同时，其结构和内容自成体系，可以独立使用。为了提高和加强读者的实际应用能力，使读者能够更加牢固地掌握理论知识，书中配有大量的习题。本书图文并茂，实验步骤详细，易学易懂。本书的指导思想是面向实际，面向应用，面向对象，以应用为目的，注重培养应用能力，大力加强实践环节，激励创新意识，增加学习的针对性和目的性，降低学习的枯燥性，大大提高学生的学习兴趣。

　　本书的参编人员均是工作在教学一线，从事本课程教学多年的教师。编写原则是既考虑到基础知识的学习和操作技能的训练，又要保持内容的先进性及对高校计算机基础教学的促进作用。

　　本书的第一章由秦其虹、李磊编写，第二章由刘杰、李文娜编写，第三章由常丽媛、樊冬梅编写，第四章由成洪静、张全英编写，第五章由张蕾、韩秀红编写，第六章由王书新、高玉珍、王胜强编写，第七章由高立丽、刘素丹编写，第八章由姜猛、赵成刚编写，第九章由李玉吉、刘海梅编写。全书由成洪静、秦其虹统稿。

　　本书在编写过程中，得到了山东现代职业学院董事长兼院长刘春静先生的大力支持，也得到了教务处处长董艳华、刘传琴、安素青的具体指导，在此一并感谢。

　　由于作者水平有限，本书的内容及文字方面可能存在许多不足之处，希望使用者批评指正，以便使其在修订时得到完善和提高。

山东现代职业学院计算机教研室

CONTENTS | 目录

第一章
计算机基础知识

★ 掌握 Windows2000 冷启动、热启动以及关闭的方法
★ 了解键盘上各按键的功能
★ 练习鼠标的操作及使用方法
★ 熟悉键盘的基本操作及键位
★ 熟练掌握英文大小写、数字、标点的用法及输入
★ 掌握正确的操作指法及姿势
★ 熟悉汉字系统的启动及转换
★ 掌握一种汉字输入方法
★ 掌握英文、数字、全角、半角字符、图形符号和标点符号的输入方法

第1单元　实验部分

实验一　Windows的启动及基本操作

一、实验目的

● 掌握 Windows2000 冷启动、热启动以及关闭的方法。
● 了解键盘上各按键的功能。
● 练习鼠标的操作及使用方法。

二、实验内容

● 开机前先观察一下主机、显示器、键盘和鼠标之间的连接情况；观察电源开关的位置、<Reset> 键位置和键盘上各键的位置。

● Windows2000 的冷启动、热启动及关闭方法。

（1）冷启动。

开机过程即是给计算机加电的过程，在一般情况下，计算机硬件设备中需加电的设备有**显示器**和**主机**，因此，开机过程也就是给显示器和主机加电的过程。由于电器设备在通电的瞬间会产生电磁干扰，这对相邻的正在运行的电器设备会产生副作用，所以开机过程的要求是：先开显示器，再开主机。

本实验开机步骤如下：

① 检查显示器电源指示灯是否已亮，若电源指示灯不亮，则按下显示器电源开关，给显示器通电；若电源指示灯已亮，则表示显示器已经通电，不需再通电。

② 按下主机电源开关，给主机加电。

③ 等待数秒钟后，会出现 Windows2000 的桌面，此时表示启动成功。

（2）练习热启动。

在 PC 机已加电的情况下重新启动计算机。操作方法如下：

① 按一次主机箱面板中的 <Reset> 键，这时计算机将会重新启动。

② 或者用 <Ctrl>+<Alt>+<Del> 键重新启动，同时按下这三个键后，将出现"Windows 安全"对话框，在该对话框中选择"重新启动"，也可实现计算机的重新启动。

（3）关机过程即是给计算机断电的过程，这一过程与开机过程正好相反，关机过程的要求是：先关主机，再关显示器。

① 首先把任务栏中所有已打开的任务关闭。

② 打开"开始"菜单，选择"关闭系统"，再选择"关闭计算机"，最后选择"确定"。在正常情况下，系统会自动切断主机电源。在**异常情况**下，系统不能自动关闭时，可选择强行关机，其方法是：按下主机电源开关不放手，持续 5 秒钟，即可强行关闭主机。

③ 关闭显示器电源。

● 键盘操作的简单练习。

鼠标**单击**"开始"按钮，**移动**鼠标到"程序"上，再**移动**鼠标到弹出的级联菜单中的"附件"，最后**移动**鼠标到弹出的级联菜单的"写字板"中，**单击**，即可打开"写字板"进行编辑。自己输入一些英文字母，注意以下几个内容的练习：

（1）大小写字母的输入。在 <Caps Lock> 指示灯**不亮**的情况下，按住 <Shift> 键再按字母键，可实现大写字母的输入；按一下 <Caps Lock> 键，则 <Caps Lock> 指示灯会点亮，此时输入的也是大写字母。

（2）练习使用上档键输入！、@、#、$、%、^、& 等。

（3）练习 <Backspace>、<Del> 键的使用，并体会它们的区别。

● 鼠标操作。

目前，鼠标在 Windows 环境下是一个主要且常用的输入设备。常用的鼠标器有机械式和光电式两种，机械式鼠标比光电式鼠标价格便宜，是我们常用的一种，但它的故障率也较高。机械式鼠标下面有一个可以滚动的小球，当鼠标器在平面上移动时，小球与平面摩擦转动，带动鼠标器内的两个光盘转动，产生脉冲，测出 X-Y 方向的相对位移量，从而可反映在屏幕上。

鼠标的操作有**单击、双击、移动、拖动、与键盘组合**等。

单击：快速按下鼠标键。单击左键是选定鼠标指针下面的任何内容，单击右键是打开鼠标指针所指内容的快捷菜单。一般情况下若无特殊说明，单击操作均指单击左键。

双击：快速击键两次（两次迅速的单击）。双击左键是首先选定鼠标指针下面的项目，然后再执行一个默认的操作。单击左键选定鼠标指针下面的内容，然后再按回车键的操作与双击左键的作用完全一样。若双击鼠标左键之后没有反应，说明两次单击的速度不够迅速。

移动：不按鼠标的任何键移动鼠标，此时屏幕上鼠标指针相应移动。

拖动：鼠标指针指向某一对象或某一点时，按下鼠标左键不松，同时移动鼠标至目的地时再松开鼠标左键，鼠标指针所指的对象即被移到一个新的位置。

与键盘组合：有些功能仅用鼠标不能完全实现，需借助于键盘上的某些按键组合才能实现所需功能。如与 <Ctrl> 键组合，可选定不连续的多个文件；与 <Shift> 键组合，选定的是单击的两个文件所形成的矩形区域之间的所有文件；与 <Ctrl> 键和 <Shift> 键同时组合，选定的是几个文件之间的所有文件。

下面练习鼠标的使用：

单击 Windows2000 的桌面上的"开始"按钮，**移动**鼠标到"程序"选项，再**移动**鼠标到级联菜单的"附件"，再**移动**鼠标到"游戏"中的"扫雷"，**单击**"扫雷"，即可打开"扫雷"的游戏。先单击"帮助"菜单阅读一下游戏规则。了解游戏规则后，可进行游戏。游戏时，注意练习鼠标的**单击和双击**。

实验二 键盘指法练习

一、实验目的

● 熟悉键盘的基本操作及键位。

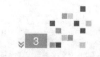

● 熟练掌握英文大小写、数字、标点的用法及输入。
● 掌握正确的操作指法及姿势。

二、实验内容

● 认识键盘

键盘上键位的排列按用途可分为：功能键区、主键盘区、编辑键区、状态指示区、辅助键区，如图 1.1 所示。

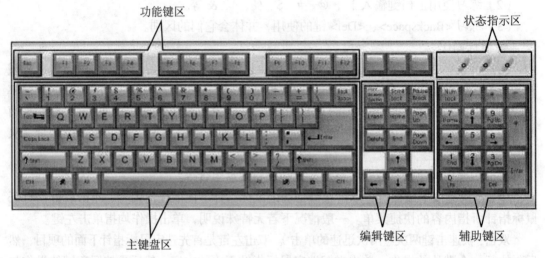

图1.1 键位分区

（1）字符键区是键盘操作的主要区域，包括 26 个英文字母、数字 0~9、运算符号、标点符号、控制键等。

① 字母键：共 26 个，按英文打字机字母顺序排列，在字符键区的中央区域。一般地，计算机开机后，默认的英文字母输入为小写字母。如需输入大写字母，可按住上挡键 Shift 击打字母键，或按下大写字母锁定键 Caps Lock（此时，小键盘区对应的指示灯亮，表明键盘处于大写字母锁定状态），击打字母键可输入大写字母。再次按下 Caps Lock 键（小键盘对应的指示灯灭），重新转入小写输入状态。

② 常用键的作用

表 1.1 常用键的作用

按键	名称	作用
Space	空格键	按一下产生一个空格
Backspace	退格键	删除光标左边的字符
Shift	换挡键	同时按下 Shift 和具有上下挡字符的键，上挡符起作用
Ctrl	控制键	与其他键组合成特殊的控制键
Alt	控制键	与其他键组合成特殊的控制键

续表 1.1

按键	名称	作用
Tab	制表定位	按一次，光标向右跳 8 个字符位置
Caps Lock	大小写转换键	CapsLock 灯亮为大写状态，否则为小写状态
Enter	回车键	命令确认，且光标到下一行
Ins（Insert）	插入覆盖转换	插入状态是在光标左面插入字符，否则覆盖当前字符
Del（Delete）	删除键	删除光标右边的字符
PgUp（PageUp）	向上翻页键	光标定位到上一页
PgDn（PageDoWn）	向下翻页键	光标定位到下一页
NumLock	数字锁定转换	NumLock 灯亮时小键盘数字键起作用，否则为下挡的光标定位键起作用
Esc	强行退出	可废除当前命令行的输入，等新命令的输入；或中断当前正执行的程序

（2）正确的操作姿势及指法。

①腰部坐直，两肩放松，上身微向前倾。

②手臂自然下垂，小臂和手腕自然平抬。

③手指略微弯曲，左右手食指、中指、无名指、小指依次轻放在 F、D、S、A 和 J、K、L、；八个键位上，并以 F 与 J 键上的凸出横条为识别记号，大拇指则轻放于空格键上。

④眼睛看着文稿或屏幕。

⑤按键时，伸出手指弹击按键，之后手指迅速回归基准键位，做好下次击键准备。如需按空格键，则用右手大拇指横向下轻击。如需按回车键 Enter，则用右手小指侧向右轻击。

输入时，目光应集中在稿件上，凭手指的触摸确定键位（图 1.2），初学时尤其不要养成用眼确定指位的习惯。正确的操作姿势如图 1.3 所示。

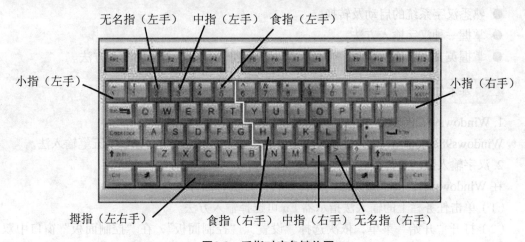

图1.2 手指对应各键位图

图1.3 正确的姿势和指法

三、实验步骤

1. 开机启动 Windows。

2. 在任务栏上打开"开始"菜单，选择"程序"，单击其下"金山打字"，或双击桌面上的"金山打字"。

3. 根据屏幕左边的菜单提示，单击"打字练习"或"打字游戏"。

4. 根据屏幕指示进行英文输入，注意正确的姿势与指法。

5. 关机。退出系统关机必须执行标准操作，以利于系统保存内存中的信息，删除在运行程序时产生的临时文件。

① 关闭所有已打开的应用程序。

② 单击打开"开始"菜单，选择"关闭系统"选项，在弹出的对话框中单击选中"关闭计算机"选项后单击"是"，系统自动关闭。

实验三 汉字输入法练习

一、实验目的

● 熟悉汉字系统的启动及转换。
● 掌握一种汉字输入方法。
● 掌握英文、数字、全角、半角字符、图形符号和标点符号的输入方法。

二、基本知识

1. Windows98/2000/XP 提供的几种输入法。

Windows98/2000/XP 提供的输入法主要有全拼、双拼、智能 ABC 及五笔输入法。

2. 汉字输入法的选择及转换。

在 Windows 中，汉字输入法的选择及转换方法有四种：

（1）单击任务栏上的输入法指示器 En 可选择输入方法。

（2）打开"开始"菜单，依次选择"设置"、"控制面板"，在"控制面板"窗口中双击"输入法"图标，在"输入法属性"对话框中单击"热键"标签，在其选项卡中选择一种输入法（如切换到王码五笔型输入法）后，单击"基本键"输入框的列表按钮，选择"1"，在"组合键"区的"Alt"及"左键"前面的复选框中单击打上对勾标志，单击"确定"后关闭"控制面板"窗口，此时按下字符键区左边的 Alt 并按数字键 1，即可将输入法切换成所选（如五笔）输入法。

（3）按 <Ctrl> + 空格键，可实现中英文输入的转换。

（4）按住组合键 Ctrl + Shift 反复几次，直至出现要选择的输入法。

3. 全角 / 半角的转换及中英文字符的转换。

（1）单击输入法状态条上的半月形或圆形按钮，可实现半角与全角的转换。

（2）单击输入法状态条上的标点符号按钮，可实现英文标点符号与中文标点符号的转换。

4. 特殊符号的输入。

需输入符号时，打开"插入"菜单，执行"符号"或"特殊符号"命令，在弹出的对话框中选择所需的符号后，单击"插入"。"符号"对话框中包含了所有安装的各种符号，"特殊符号"对话框中包含了常用的数字序号、标点符号、拼音符号等。

5. 几种输入法的编码方法。

（1）全拼。

只要熟悉汉语拼音，就可以使用全拼输入法。全拼输入法是按规范的汉语拼音输入外码，即用 26 个小写英文字母作为 26 个拼音字母的输入外码。其中 ü 的输入外码为 v。

（2）双拼。

双拼输入法简化了全拼输入法的拼音规则，即只用两个拼音字母表示一个汉字，规定声母和韵母各用一个字母，因而只要二次击键就可以打入一个汉字的读音。

（3）智能 ABC 输入法。

① 简介：智能 ABC 输入法功能十分强大，不仅支持人们熟悉的全拼输入、简拼输入，还提供混拼输入、笔形输入、音形混合输入、双打输入等多种输入法。此外，智能 ABC 输入法还具有一个约 6 万词条的基本词库，且支持动态词库。

如果单击"标准"按钮，切换到"双打智能 ABC 输入法状态"。再单击"双打"按钮，又回到"标准智能 ABC 输入法状态"。

② 输入规则：在"智能 ABC 输入法状态"下，用户可以使用如下几种方式输入汉字。

● 全拼输入

在新全拼输入法中，对于常用词组和汉字，键入拼音（有时只需键入字的声母）便可出现，对于系统中不存在的词组，按输入新词的方法，只要拼音输入一次便会自动记忆下来（最多可达九个汉字），下一次只要输入字的声母便会出现这个词，把造词融合在输入过程中。

● 简拼输入

简拼输入法的规则为取各个音节的第一个字母输入，对于包含 zh、ch、sh 这样的音节，也可以取前两个字母组成。简拼输入法主要用于输入词组，例如下列一些词组的输入为：

词组	全拼输入	简拼输入
学生	xuesheng	xs（h）
练习	lianxi	lx

此外，在使用简拼输入法时，隔音符号可以用来排除编码的二义性。例如：若用简拼

输入法输入"社会"，简拼编码不能是"sh"，因为它是复合声母 sh，因此，正确的输入应该使用隔音符"'"输入"s'h"。

● 混拼输入

智能 ABC 输入法支持混拼输入，也就是输入两个音节以上的词语时，有的音节可以用全拼编码，有的音节则用简拼编码。例如，输入"计算机"一词，其全拼编码是"jisuanji"，也可以采用混拼编码"jisj"或"jisji"。

此外，在使用混拼输入法时，可以用隔音符号来排除编码的二义性。例如，"历年"一词的混拼编码为"li'n"，而不是"lin"，因为"lin"是"林"的拼音。

（4）五笔字型

①基础知识

● 五笔字型输入法将汉字笔画拆分成横（包括提笔）、竖（包括竖钩）、撇、捺（包括点）、折（包括除竖钩以外的各种带转折笔划）五种基本笔画。

● 五笔字型输入法以字根为基本单位。字根是由若干个基本笔画组成的相对不变的结构，对应于键盘分布在各字母键上，如图 1.4 所示。

五笔字型键盘字根总图

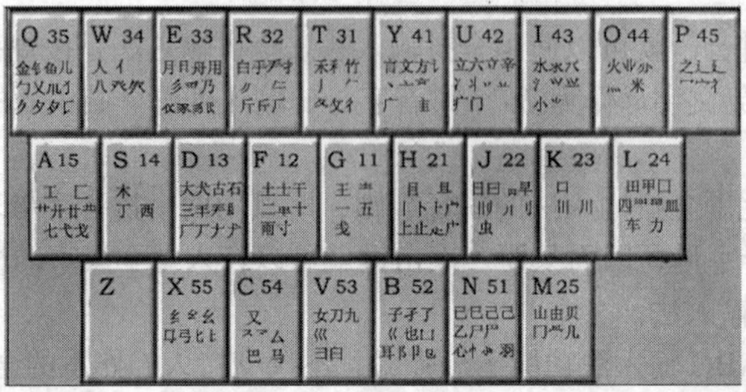

图1.4　五笔字型键盘字根

● 在五笔输入法中，字根间的位置结构关系有：单、散、连、交四种。

单：指汉字本身可单独成为字根。如金、木、人、口等。

散：指汉字由多个字根构成，且字根之间不粘连、穿插。如"好"字由"女"、"子"构成。

连：指汉字的某一笔画与一基本字根相连（包括带点结构）。如"天"字为"一"与"大"相连。

交：指汉字由两个或多个基本字根交叉套迭构成。如"夫"字由"二"与"人"套迭而成。

● 汉字分解为字根的拆分原则

取大优先：指尽量将汉字拆分成结构最大的字根。

兼顾直观：指在拆分时应尽量按照汉字的书写顺序。

能散不连：指如果能将汉字的字根拆分成散的关系，就不要拆分成连的关系。

能连不交：指如果能将汉字拆分成连的关系，就不要拆分成交的关系。

● 识别码：全称为"末笔字型交叉识别码"，由这个汉字的最后一笔的代码与该汉字的字型结构代码相组合而成，如表 1.2 所示：

表1.2 末笔字型识别码

	左右型		上下型		杂合型	
横	11	G	12	F	13	D
竖	21	H	22	J	23	K
撇	31	T	32	R	33	E
捺	41	Y	42	U	43	I
折	51	N	52	B	53	V

② 输入规则

● 单字输入：汉字的书写顺序将汉字拆分成字根，依次键入字根所在键，全码为四键，不足四键补识别码（＋空格）。此外，还有几种特殊的汉字输入：

一级简码：首字根＋空格键，对应于英文 a~y，共有 25 个字。

二级简码：首字根＋次字根＋空格键，有 625 个字。

三级简码：首字根＋次字根＋第三字根＋空格键字，共有 15 625 个。

成字字根：如果汉字本身为一个字根，则称其为成字字根，输入规则为：

字根码＋首笔画＋次笔画＋末笔画 （不足四键补空格）

● 词组的输入

两字词：首字前两字根码＋末字前两字根码

三字词：首字首字根码＋次字首字根码＋末字前两字根码

四字词：各字的首字根码

四字以上词：首字首字根码＋次字首字根码＋三字首字根码＋末字首字根码

● 学习键"Z"

"Z"键可以代替任何一个字根码，凡不清楚、不会拆的字根都可以用 Z 键代替。

（5）手写输入板的使用

微软拼音输入法还集成了手写识别输入的功能。单击微软拼音输入法状态条上的"开启／关闭输入板"按钮，即出现"输入板 - 手写识别"窗口。

使用鼠标或光笔等输入设备，在"输入板 - 手写识别"窗口左侧空白的手写区内写入字符，只要所写的字符与原字的笔画相差不多，一般都能识别出来，且识别速度较快。中部的列表框中便列出检索到的最为接近的字符，单击选中的字符即可输入。此时手写区自动清空，等待下一个字的输入。

按住鼠标左键并拖动出笔画轨迹，放开左键即写完一笔，同学们可以在左侧空白的手写区内写入"学"字，来进行相应练习，如图 1.5 所示。而单击"清除"按钮时，则清除手写区的内容。

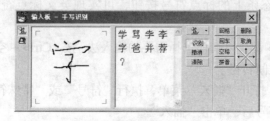

图1.5 手写输入板的使用

通过"输入板-手写识别"窗口中的"切换手写输入/手写检索"按钮，即单击候选字窗口右侧的图标按钮，可以进行"手写检索"和"手写输入"功能的切换。

使用"手写输入"功能，可以省掉选字这个步骤。单击"切换手写输入/手写检索"按钮后，弹出一个下拉菜单，从中选择"手写输入"选项，此时手写板的候选字窗口变成另外一个空白的手写区。可以交替地在这两个空白的手写区里写字，系统会自动连续识别写入的字符。请同学们自行练习。

（6）指法练习要领

① 进行指法练习时，一定要将手指按照分工放在键盘的正确位置上。

② 左右手指放在基本键上；击完它迅速返回原位；食指击键注意键位角度；小指击键力量保持均匀；数字键采用跳跃式击键。

③ 要有意识地记忆键盘上各键的位置，并体会敲击不同键位时手指的感觉，逐步养成不看键盘输入的习惯。

④ 进行指法练习时必须集中精力，做到手、脑、眼协调一致，尽量避免边看原稿边看键盘，这样容易分散注意力；

⑤ 刚开始进行指法练习时，不要求输入速度快，但一定要保证输入的准确性。

（7）打字注意事项

① 了解键位分工情况，还要注意打字的姿势，打字时，全身要自然放松，腰背挺直，上身稍离键盘，上臂自然下垂，手指略向内弯曲，自然虚放在对应键位上，只有姿势正确，才不会产生疲劳和错误。

② 另外，打字时禁止看键盘，即一定要学会使用盲打，这一点非常重要。初学者因记不住键位，往往忍不住要看着键盘打字，一定要避免这种情况，实在记不住，可先看一下，然后移开眼睛，再按指法要求键入。只有这样，才能逐渐做到凭手感而不是凭记忆去体会每一个键的准确位置。

③ 还要严格按规范运指，既然各个手指已分工明确，就得各司其职，不要越权代劳，一旦敲错了键，或是用错了手指，一定要用右手小指击打退格键，重新输入正确的字符。

三、实验步骤

1. 开机启动 Windows。

2. 在任务栏上打开"开始"菜单，选择"程序"，单击其下的"Word 2003"选项，启动 Word 2003。

3. 用鼠标单击任务栏上的输入法按钮 En，选择一种输入法后，在 Word 编辑状态下，输入一些文字。

4. 单击输入法状态条上的半月形或圆形按钮，可实现半角与全角的转换。

5. 单击输入法状态条上的标点符号按钮，可实现英文标点符号与中文标点符号的转换。

6. 按 <Shift + Ctrl> 键，可切换选择需要的输入法；按 <Ctrl> + 空格键，可使输入法在英文与所选择的中文之间转换。

7. 需输入符号时，打开"插入"菜单，执行"符号"或"特殊符号"命令，在弹出的对话框中选择所需的符号后，单击"插入"。

8. 关机。

第2单元　习题部分

1. 如何记住键盘上每一个按键的位置？

2. 时常开关机是否对计算机有损伤？

3. 练习五笔输入法，要求打字速度至少达到汉字输入 30 字 / 分钟。

4. 打开 Microsoft Word，任选一种输入法，输入以下文字，测试自己的打字速度。要求在 10 分钟之内完成。

如何挖掘人的潜力，最大限度地发挥其积极性与主观能动性，这是每个管理者苦苦思索与追求的。在实行这一目标时，人们谈得最多的话题，就是激励手段。在实施激励的过程中，人们采取较为普遍的方式与手段是根据绩效，给员工以相应的奖金、高工资、晋升机会、培训深造、福利等，以此来唤起人们的工作热情和创新精神。的确，高工资、高奖金、晋升机会、培训、优厚的福利，对于有足够经济实力，并且能有效操作这一机制的机构与企业来说，是一副有效激发员工奋发向上的兴奋剂。但如果在企业发展的初期，或一些不具备经济实力的单位，又如何进行激励呢？还有在执行高工资、高奖金、晋升、培训、福利机制过程中，因操作不当，导致分配不均、相互攀比，产生消极怠工等副作用时，又如何评价这些手段和处理这些关系呢？高工资、高奖金、晋升机会、培训、优厚的福利是激励的唯一手段吗？是否还有别的激励途径与更完美的手段呢？有，那就是包容与信任！其实，最简单、最持久、最"廉价"、最深刻的激励就来自于包容与信任。

第二章
Windows XP的基本操作

- ★ 操作系统的基本概念
- ★ 操作系统的发展，常用操作系统及其特点
- ★ Windows 的特点、运行环境、安装方法、Windows 的启动与关机
- ★ Windows 的桌面、开始菜单、应用程序
- ★ 鼠标的基本操作，剪贴板的使用
- ★ 窗口、对话框和快捷方式
- ★ 我的电脑、资源管理器、回收站及其应用
- ★ 文件、文件夹的有关概念及操作
- ★ 控制面板、附件及多媒体功能
- ★ 中文输入法的选择，汉字输入，中、英文输入的切换，各种常用符号的输入

第1单元 实验部分

实验一 Windows桌面与窗口的基本操作

一、实验目的

● 熟悉 Windows 的启动与关机过程。
● 认识鼠标的组成与功能。
● 掌握 Windows 的桌面设置及有关操作方法。
● 熟练掌握"开始"菜单与任务栏的使用技巧。
● 认识窗口的组成，掌握窗口的操作方法。
● 使用系统帮助。

二、实验内容

● 启动 Windows XP。
● Windows XP 桌面图标。
● 鼠标的基本操作。
● 桌面的基本设置。
● Windows XP"开始"菜单与任务栏的有关操作。
● 窗口和菜单的操作。
● 对话框的操作。
● 剪贴板的使用。
● 使用 Windows 帮助。
● 待机、注销与切换用户和重新启动。
● 关机。

三、实验步骤

Ⅰ. 启动 Windows XP

计算机系统由硬件系统和软件系统组成，软件系统又分为系统软件和应用软件，其中，操作系统是最重要的系统软件，它用来管理软硬件资源、控制程序执行、改善人机界面、合理组织计算机工作流程并为用户使用计算机提供良好的运行环境。从用户角度来看，操作系统是用户和计算机硬件之间的桥梁，用户通过操作系统提供的命令和有关规范来操作和管理计算机。

在计算机上，早期运行的主要操作系统是 MS-DOS。MS-DOS 具有字符型用户界面，采用命令行方式进行操作和管理，这种方式操作起来很不方便，而且需要用户记忆大量的 DOS 命令。随着计算机软硬件技术的飞速发展，1995 年 8 月，微软公司推出了采用图形化用户界面的操作系统——Windows 95，从此，微机用户摆脱了单调的命令行操作方式，只要用鼠标点击屏幕上的形象化的图标，就可以轻松完成大部分操作。后来，微软公司又相继推出了 Windows 98、Windows NT、Windows 2000、Windows XP 等系统。除了微软公司推出的 Windows 系列操作系统外，市场上应用较多的操作系统还有以下几种：

◇ LINUX 系统。其优势是具有开源特征，全世界都可以编写，而且大多数是免费的，其缺点是各个 LINUX 厂商标准不统一，导致兼容困难。

◇ UNIX 系统。个人很少用，一般都是应公司系统建设而使用。

◇ 苹果公司的 MAC OS。

◇ 个人编写的小系统。

2001 年，Microsoft 公司发布的 Windows XP 是 Windows 操作系统发展史上的一次全面飞跃。相比其他版本，其主要特性如下：

◇ 全新的可视化设计。

◇ 丰富的多媒体功能。

◇ 兼容性与安全性好。

◇ 无微不至的帮助与技术支持。

◇ 无线网络连接。

◇ 系统还原与自动更新。

◇ 防病毒管理和数据安全性管理。

Windows XP 由 2 个版本组成，即：Windows XP Professional——面向企业和高等家庭的计算和 Windows XP Home——面向普通的家庭。Professional 版包括了 Home 版的所有功能，如 Network Setup Wizard、Windows Messenger、无线连接、互连网连接、防火墙等，另外，还有一些功能是 Home 版所没有的，如远程桌面系统、支持多处理器、加密文件系统和访问控制等。

通常，在每次启动计算机时就直接进入 Windows XP 系统，不必使用特殊的启动命令。Windows XP 启动成功后，屏幕显示 Windows XP 的桌面。具体操作如下：

（1）启动计算机时，依次打开显示器电源和主机电源。稍后，屏幕上将显示计算机的自检信息，如显卡型号、板型号和内存大小等。

（2）通过自检后，计算机将显示欢迎界面，如果用户在安装 Windows XP 时设置了用户名和密码，将出现 Windows XP 登录界面，如图 2.1 所示。单击选择要使用的用户名，然后在用户名下方的空格内单击，会出现一个闪动的光标，提示用户输入密码。

（3）在输入正确的密码后，按 Enter 键，此时计算机将开始检测用户配置，经过几秒钟后就可以看到 Windows XP 的工作界面了。如果密码输入错误，计算机将提示重新输入，超过 3 次输入错误，系统将自动锁定一段时间。

注：若 Windows XP 中只有一个用户账户，且没有设定密码，那么系统启动时将不会出现如图 2.1 所示的登录界面，而是直接以此用户账户登入如图 2.2 所示的 Windows XP 初始桌面。

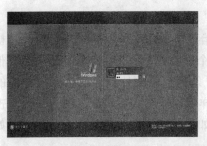

图2.1 登陆界面

图2.2 初始桌面

Ⅱ. Windows XP 桌面介绍

● 桌面

桌面（Desktop）是指屏幕工作区，Windows XP 启动后的屏幕画面就是桌面。桌面上放置许多图标，其中有系统自带的，也有在该平台下安装的程序的快捷方式，就如同摆放了各种各样办公用具的桌子一样，所以将它形象地称为桌面，如图 2.2 所示。

● 图标

图标是 Windows XP 操作系统的重要特征。操作系统将各个程序和文件用一个个生动形象的小图片来表示，可以很方便地通过图标辨别程序的类型，并进行一些复杂的文件操作，如复制、移动、删除文件等。如果要运行某个程序，须要先找到程序的图标，然后移动鼠标指针至图标上双击即可。如果要对文件进行管理，如复制、删除或者移动，则必须先选定该文件的图标（移动鼠标到图标上单击），使该图标高亮显示，表示该文件被选中，然后进行相应的操作。

● 我的电脑

通过"我的电脑"图标可以访问计算机磁盘中所有文件，通常用于快速浏览软盘、硬盘、光盘和网络驱动器中的内容，如图 2.3 所示。

● 我的文档

"我的文档"是 Windows XP 中的一个系统文件夹，是系统为每个用户建立的文件夹，主要用于保存文档、图形，也可以保存其他任何文件。"我的文档"是存储文档、图片、声音等的默认位置，它本身是一个指向计算机用户固定路径的快捷方式。

● 网上邻居

"网上邻居"显示指向共享计算机、打印机和网络上其他资源的快捷方式。只要打开共享网络资源（如打印机或共享文件夹），快捷方式就会自动创建在"网上邻居"上。"网上邻居"文件夹还包含指向计算机上的任务和位置的超级链接。这些链接可以帮助用户查看网络连接，将快捷方式添加到网络位置，以及查看网络域中或工作组中的计算机。

● 回收站

"回收站"用来存储硬盘上临时删除的"文件"。对"回收站"中的对象执行清空操作时，该对象将被彻底清除；对"回收站"中的对象执行还原操作时，该对象将恢复被删除前的状态。

● Internet Explorer

Internet Explorer 用来浏览互联网和本地 Internet 上的资源。

● "开始"菜单

"开始"菜单是启动程序的一条捷径，从开始菜单上几乎可以找到并运行计算机中所有的程序。在"开始"菜单的某些条目右侧有一个箭头，表示这些条目下还包括其他的选项，称为子菜单，移动鼠标指针到"所有程序"条目上停顿片刻，就会弹出相应的子菜单，如图2.4所示。同样，窗口中的菜单也是这样层层嵌套、逐步深入的。只要单击"开始"菜单上的任意一个命令，该命令将被执行。如果用户不需要在桌面上显示"开始"菜单，只要移动鼠标在桌面上任何空白处单击即可。

 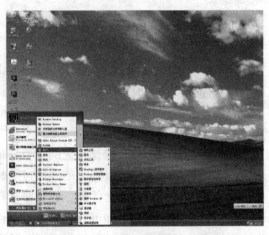

图2.3　"我的电脑"窗口　　　　　　　　图2.4　"开始"菜单及子菜单

● 任务栏

在桌面底部的水平长条即是任务栏，主要用于快速切换应用程序窗口。其中，时钟（位于任务栏的右边）用于显示当前系统时间；语言提示器（位于时钟的左边）用于选择和切换中英文输入法；音量控制器（位于时钟的左边）用于调节音量的大小。

Ⅲ.鼠标的基本操作

在Windows XP操作系统中，鼠标以它简洁、灵活的操作发挥着重要作用。鼠标因为形状像老鼠而得名，它通常有两种类型，一种是两键式，一种是三键式。两键式鼠标有左右两个键，三键式鼠标有左、中、右三个键，中键只有在某些特殊程序里才能用到，一般不都用。

在桌面上移动鼠标时，屏幕上跟着移动的符号就是鼠标光标。鼠标光标会随着指向目标的不同而呈现不同的形状，最常见的是空心箭头。图2.5中列出了几种常见的鼠标光标及其含义。

鼠标的基本操作有五种：

①指向：在不按鼠标按键的情况下，移动鼠标指针到预期的位置。

②单击：快速按下并松开鼠标"左键"。

③右击：快速按下并松开鼠标"右键"，这时会出现一个快捷菜单。

④双击：快速、连续按下并松开鼠标"左键"两次，这时可以激活一个应用程序。

⑤拖动：将鼠标指针指向某个对象，然后按住鼠标"左键"拖动，将鼠标指针移到目标位置，最后再松开鼠标"左键"。

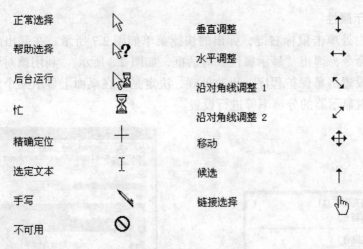

正常选择		垂直调整	
帮助选择		水平调整	
后台运行		沿对角线调整 1	
忙		沿对角线调整 2	
精确定位		移动	
选定文本		候选	
手写		链接选择	
不可用			

图2.5 常见的鼠标光标及含义

Ⅳ. 桌面的基本设置

● 添加新图标

以在 Windows 桌面上添加"Microsoft Excel"程序的快捷方式图标为例，操作方法如下：

①鼠标单击"开始"按钮，打开"开始"菜单，指向"程序""→"Microsoft Office"→"Microsoft Office Excel 2003"

② 单击鼠标右键，在快捷菜单中选择"发送到"→"桌面快捷方式"，如图 2.6 所示，即在桌面上建立了"Microsoft Office Excel 2003"程序的快捷方式图标。

也可以使用鼠标将对象从"开始"菜单中拖到桌面上的方法建立桌面快捷图标。

● 桌面图标排列

桌面上图标的排列方式有两种，即自动排列和手动排列。右击桌面的空白处将出现桌面快捷方式菜单，如图 2.7 所示，在"排列图标"子菜单中单击"名称、大小、类型、修改时间"不同的排列方式，即可使图标按选项规则排列。

取消"自动排列"选项时，用户可以手动拖动图标把它们放在桌面上的任意位置；否则，桌面上的图标总是按行列对齐方式自动排列。

图2.6 "Microsoft Office Excel 2003"桌面快捷方式图标

● **设置显示属性**

在桌面空白处单击鼠标右键，弹出的快捷菜单如图 2.7 所示。在弹出的快捷菜单中选择"属性"命令，弹出"显示属性"对话框，如图 2.8 所示。利用该对话框可以更改桌面的背景、设置屏幕保护程序、更改外观、决定是否在桌面上显示某个网页、设置视觉效果，以及对显示器的分辨率等进行设置。

图2.7　"桌面"快捷菜单

图2.8　初始桌面

V . Windows XP "开始"菜单与任务栏的有关操作

任务栏：包括"开始"按钮、"快速启动"工具栏、语言栏、"音量"按钮等，如图 2.9 所示。

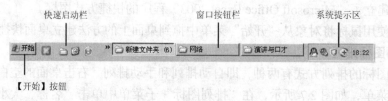

图2.9　任务栏组成

作用有：① 利用开始菜单快速打开程序；② 利用快速启动栏的程序图标快速启动相关程序；③ 打开多个窗口时，在各窗口之间进行快速切换；④ 显示系统状态，如声音设备是否正常、网络连接是否通畅等；⑤ 快速调整系统时间、声音大小、网络连接、切换输入法等。

● **任务栏的移动**

将鼠标移向任务栏的空白处，拖动任务栏到屏幕的左边后释放鼠标，任务栏移动到屏幕的左边。同样可以将任务栏移动到屏幕的右边或上方。

● **任务栏的缩放**

使任务栏处于非锁定状态时（右击任务栏查看"锁定任务栏"项目前是否有"√"，若有，取消即可），然后将鼠标移动到任务栏的边线上，鼠标指针将变成一个双向箭头，这时按住鼠标左键上下拖动，可以看到任务栏的大小在改变，释放鼠标，任务栏的大小即可确定。

● **快速启动栏启动程序**

可以将常用的应用程序图标拖动到任务栏的快速启动栏中，单击快速启动栏的图标，将启动相应的应用程序。如单击快速启动栏中的"显示桌面"图标 ，将最小化所有窗口来显示 Windows 桌面。

● 输入法的选择

Windows XP 中预装了全拼、双拼、智能 ABC、郑码等输入法，用户还可以根据自己的需要安装其他输入法，也可以任意选用或卸载某种输入法。

用鼠标单击任务栏右侧的输入法指示图标，屏幕弹出当前系统已装入的输入法菜单，单击要选用的输入法，即可切换到相应的输入环境中。

也可采用键盘上的 <Ctrl>+<Shift> 键在英文及各种输入法之间进行切换，切换到自己需要的输入法。另外，用户可随时使用 <Ctrl>+ 空格键来启动或关闭中文输入法。

● 任务栏属性的设置

用鼠标右击任务栏空白处，在打开的快捷菜单里，选定"属性"，进入如图 2.10 所示对话框。

● "开始"菜单的设置

用鼠标右击任务栏空白处，在打开的快捷菜单里，选定"属性"，进入图 2.10 所示对话框后，单击"开始菜单"选项卡，得到图 2.11 所示对话框，选择"自定义"可以进行相关设置。

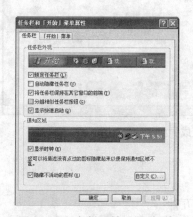
图2.10　任务栏属性设置对话框

图2.11　"开始菜单"属性设置

Ⅵ. 窗口和菜单的基本操作

● 窗口组成

Windows XP 系统及其各种运行的程序，大都是以窗口的形式显示的，程序所具备的全部功能均浓缩在窗口的各种组件中，如菜单栏、工具栏、地址栏、常用任务栏等。单击"我的电脑"图标，即可打开如图 2.3 所示的"我的电脑"窗口。窗口的位置、大小都是可以改变的，而且每个具体的窗口会有不同的功能和部件。在桌面上可以同时放置多个窗口。窗口由以下几个部分组成，如图 2.12 所示。

① 标题栏：位于窗口顶部，包含窗口的名称、控制菜单按钮、最小化、最大化和关闭按钮。

② 控制菜单按钮：标题栏的最左边的一个小图标按钮，单击它将弹出一个有关窗口操作的提示菜单。

③ 窗口控制按钮：位于标题栏的右部，包含有最小化按钮、最大化按钮、关闭按钮。

④ 菜单栏：位于标题栏的下面，单击菜单名后，将会弹出一个下拉菜单，此时只要单击所要执行的命令即可。

⑤ 工具栏：位于菜单栏的下面，包含许多常用命令按钮。

⑥ 工作区：窗口中间的矩形区域。

⑦ 状态栏：位于窗口的底部，显示系统当前状态及有关信息。

⑧ 滚动条：拖动滚动条可以显示被覆盖的区域。

⑨ 窗口边框：窗口周围的四条边。

图2.12　窗口组成界面

● **窗口的几种基本操作**

① 打开窗口：双击应用程序图标。

② 关闭窗口：常用的关闭一个窗口的方法有五种：

　　A. 单击窗口标题栏最右部的"关闭"按钮。

　　B. 选择窗口中"文件"菜单中的"关闭"命令。

　　C. 双击标题栏最左端的"控制菜单按钮"。

　　D. 单击"控制菜单按钮"，选择"关闭"命令。

　　E. 同时按下键盘上的<Alt>+F4键。

③ 最小化窗口：单击标题栏上的最小化按钮，窗口会缩小成图标，排列在桌面的任务栏中。

④ 最大化窗口：单击标题栏上的最大化按钮，窗口会铺满整个屏幕区域。

⑤ 恢复窗口：在进行了最大化操作之后，窗口会铺满整个屏幕，这时可用鼠标单击窗口标题栏右边的恢复按钮（这个按钮是由最大化按钮变成的），使窗口恢复原状。

⑥ 改变窗口尺寸：可以采取改变窗口尺寸的方法来调整窗口的大小。将鼠标指针指向窗口边框或四个角时，鼠标指针会变成不同的形状。

将鼠标指针指向窗口边框的四个角时，鼠标指针变成斜向的双向箭头，按住鼠标左键拖动，可同时改变窗口的宽度和高度。

将鼠标指针指向上、下边框时，指针变成垂直的双向箭头，按住鼠标左键拖动，可改变窗口的高度。

将鼠标指针指向左、右边框时，指针变成水平的双向箭头，按住鼠标左键拖动，可改变窗口的宽度。

窗口的大小调整合适后，松开鼠标左键即可。

⑦ 移动窗口：将鼠标指针移到窗口的标题栏上，按住鼠标左键并拖动窗口到一个新位置，松开鼠标即可。

⑧ 切换窗口：在 Windows XP 系统中，用户可以同时运行多个应用程序，例如：可一边使用文字处理程序编辑文档，一边使用媒体播放机欣赏歌曲。打开的这些窗口层叠放置在桌面上，一般只能看到处于最上层的窗口（成为活动窗口），而其他窗口则被（部分或全部）挡住。

单击目标窗口的任意位置，可以将目标窗口切换成活动窗口。

在任务栏上，所有打开的窗口都会在这里创建一个自己的图标，并显示相应的名称。单击某个图标，则其对应的窗口将会显示在所有窗口的最上层，再次单击则又回到原来的状态。这样，通过简单的单击，用户就可以在各个窗口之间自由切换了。

注：当桌面上有多个窗口时，用 <Alt>+<Tab> 键也可以实现窗口间的快速切换。具体方法是：按住 <Alt> 键后，再按下 < Tab > 键，在桌面中央将出现一个对话框，它显示了目前运行的所有窗口，而且还有一个蓝色的方框框住其中的一个图标，按住 <Alt> 键，不停地按动 < Tab > 键，蓝框会依次在不同的图标间移动。蓝框框住的是什么程序图标，那么在释放 <Alt> 键时，该程序图标对应的窗口就会显示在桌面的最上层。

● 窗口的菜单操作及菜单功能

菜单栏位于标题栏的下方，它上面的每一个选项都是一个下拉式菜单，每个菜单中都有一些重要的命令，它们集成了当前所具备的全部功能，如图 2.13 所示。如果要显示菜单栏中某个项目的下拉菜单，只要在该项目处单击即可。单击后，用户若移动鼠标至其他菜单栏中的项目上，则相应的下拉菜单将会自动出现，不需要再次单击。移动鼠标到下拉菜单中某个子菜单的命令上停顿片刻，则该命令下的子菜单自动出现，如果想执行某个菜单命令，只要找到该命令并单击即可。

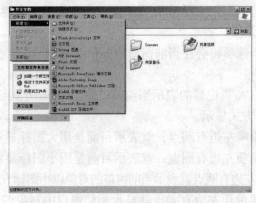

图 2.13 "我的文档"窗口中的菜单

Windows XP 中有关菜单的一些规定：

① 灰色的命令不能使用。

② 命令旁的选中标记。当菜单项旁有一个"√"时，说明该菜单项在当前环境中起作用。

③ 带有下划线的字母。在菜单名右边的括号内有这样一个带有下划线的字母，如文件（F），在不用鼠标时，利用键盘上的 <Alt>+F 键就可以打开"文件"菜单。

④ 弹出对话框的命令（…）。如果一个菜单项右面带有省略号，则单击该菜单项时，会弹出一个对话框。对话框是用户与系统之间进行信息对话的平台，在对话框中按要求完成具体的操作即可。

⑤ 级联式菜单。在打开的菜单中，如果菜单项右边带有小三角，那么把鼠标指针指向它时，会弹出它的下一级菜单，以供用户选择。

当选定窗口中的对象后，菜单栏的功能如下：

➤ "文件"菜单

打开：打开某个文件或文件夹。

新建：创建新文件夹。

创建快捷方式：创建对象的快捷方式。

删除：删除某个选定的文件或文件夹。

重命名：为对象改名。

属性：设置和改变对象的属性。

关闭：关闭窗口。

➤ "编辑"菜单

复制：复制用户选取的对象到剪贴板中。

剪切：剪切对象，即把对象搬移到剪贴板中。

粘贴：粘贴对象，即把当前剪贴板中的对象复制到当前窗口的选定位置。

全部选定：将窗口中的所有对象都选中。

反向选择：将那些没被选中的对象都选中，同时取消那些当前选中的对象的选择状态。

➤ "查看"菜单

工具栏：菜单选项的子菜单中左边有"√"记号的，表示在当前窗口中已经应用了相应功能，如果没有"√"记号，则说明相应功能处于隐藏状态。

状态栏：左边有"√"记号，的表示在当前窗口中显示了状态栏，如果没有"√"记号，则说明状态栏处于隐藏状态。

浏览器栏：选中这个选项将会在当前窗口内显示"搜索"、"收藏夹"、"历史记录"和"频道"栏。

按 Web 页：左边有"√"记号的表示当前窗口使用 Web 方式显示，没有"√"记号的表示当前窗口不以 Web 方式显示。

大图标：在这个菜单项左边有圆点，就表示目前是用大图标显示当前窗口中的对象。

小图标：在这个菜单项左边有圆点，就表示目前是用小图标显示当前窗口中的对象。

列表：在这个菜单项左边有圆点就表示当前窗口的对象以小图标方式从上至下依次显示。

详细资料：在这个菜单项左边有圆点就显示当前窗口中对象的名称、类型和大小等信息，并从上到下依次排列显示。

排列图标：设置排列图标的方式。"排列图标"下有 5 个选项，分别是：按名称、按类型、按大小、按日期和自动排列。"按名称"是将窗口内的文件或文件夹以名称为序排列，先排文件夹后排文件。而"按类型"、"按大小"、"按日期"都是将文件夹先按名称字母顺序排在前面，然后对文件分别以文件类型、文件大小、文件建立或修改的日期的顺序排在后面。"自动排列"是系统自动重新排列文件或文件夹图标。

对齐图标：当窗口中的对象以大图标或者以小图标的方式显示时，这个选项可以使图标行列对齐。

缩略图：在当前窗口中以缩微形式显示文件或文件夹图标，它通常用于快速浏览多个图像的缩微版本。

刷新：当窗口中的对象可能有变化时，可以使用这个选项重新显示窗口中包含的对象。

文件夹选项：对当前文件夹窗口进行设置。

➤ "收藏"菜单

添加到收藏夹：添加当前页到收藏夹。

整理收藏夹：用来管理收藏夹。

链接：打开链接的网页。

频道：打开上网频道。

Ⅶ.对话框及控件的基本操作

● 对话框

对话框是系统和用户之间交互的界面，是窗口的一种特殊形式，它没有菜单栏，没有"最大化"、"最小化"按钮，只有"确定"、"取消"、"应用"等带有选择性的按钮，并且不能改变其大小。对话框中可包含各种特定组件，向应用程序输入信息完成特定的任务或命令。

在 Windows 系统中，对话框分为模式对话框和非模式对话框两种类型。

模式对话框是指当该种类型对话框打开时，主程序窗口被禁止，只有关闭该对话框后，才能处理主程序窗口，如图 2.14 所示。

非模式对话框是指当该类型对话框出现时，仍可处理主窗口的有关内容，如图 2.15 所示。

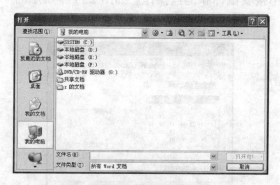

图2.14 模式对话框

图2.15 非模式对话框

● 控件

控件是一种标准的外观和标准的操作方法的对象。控件不能单独存在，只能存在于某个窗口中。对话框中的各种控件及使用情况和功能如图 2.16 所示。

图2.16 "页面设置"对话框

文本框控件：可在其中输入文本内容。

复选框控件：单击复选框中出现"√"符号，选项就被选中。可选择多个选项。

单选框控件：单选框有多个选项，同一时间只能选择其中一项。

列表框控件：单击箭头按钮可以查看选项列表，再单击要选择的选项。

上下控件：单击其中的小箭头按钮，可以更改其中的数字值，或从键盘输入数值。

组合控件：一般同时包含一个文本框控件和列表框控件。

滑块控件：用鼠标拖动滑块设置可连续变化的量。

框架控件：当一个对话框含有较多的信息时，可以使用框架控件对对话框的控件进行逻辑分组。框架控件不接受鼠标和键盘操作。如图 2.17 中所示的"日期"和"时间"两个框架控件。

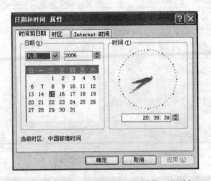

图2.17 "日期和时间属性"对话框

Ⅷ. 剪贴板的使用

剪贴板（Clip Board）是 Windows 操作系统在内存中设置的一段公用的暂时存储区域，它好像是数据的中间站，可以在不同的磁盘或文件夹之间做文件（或文件夹）的移动或复制，也可以在不同的应用程序之间交换数据。简单地说，剪贴板就是被移动或复制的信息暂时存放的地方。它可以暂时存放一个或多个文件和文件夹，也可以是文件中的某段文字，或图片中的部分图像。剪贴板的操作有三种：

剪切（Cut）：将所选择的对象移动至剪贴板（快捷键：<Ctrl>+X）。

复制（Copy）：将所选择的对象复制到剪贴板（快捷键：<Ctrl>+C）。

粘贴（Paste）：将剪贴板中存放的内容复制到当前位置（快捷键：<Ctrl>+V）。

注意：Windows XP 的剪贴板中最多能够存放 24 个不同的信息，再新存入的信息将覆盖旧的信息。计算机关闭或重启后，剪贴板中的内容将全部丢失。

另外，按键盘上的"Print Screen"键，可以将当前屏幕的内容作为图像复制到剪贴板中；按"Alt + PrintScreen"键，可以将当前活动窗口作为图像复制到剪贴板中；然后用户可以在 Windows 自带的"画图"应用程序中（也可以是其他图形图像处理程序）执行"粘贴"命令，剪贴板中的图像会出现在编辑窗口中。

IX . 使用 Windows 帮助

作为一个功能很强大的操作系统，Windows XP 的内容很多，但只要多上机，多使用，就会发现 Windows XP 并不难学，它在使用中给出了许多提示，并且用户可以方便地获得 Windows XP 的帮助信息。

单击任务栏上的"开始"按钮，在弹出的菜单中选择"帮助"命令，这时会出现一个" Windows 帮助"窗口，就会弹出如图 2.18 所示的画面。可以选择自己需要的目录（帮助主题），双击选中的内容就会打开。

在"搜索"选项中，输入所要查找的关键字，单击 ➡ 就会在"选择要选择的主题"中显示相关内容，如图 2.19 所示。用户选定希望帮助的内容后双击，即可获得有关具体应用程序的帮助信息。

图2.18 帮助窗口

图2.19 帮助主题

X . 待机、注销与切换用户及重新启动

在使用计算机过程中需要短暂离开时，可以让计算机进入待机状态；如果需要在这段时间内保护计算机的使用安全，则可以暂时注销用户；而用完计算机后，就要关闭计算机。

● **待机**

待机就是将计算机转为低耗能状态。进入待机状态后，计算机的显示器和硬盘都被自动关闭，但是内存中的信息仍然保留，当要继续使用计算机时，只要把计算机唤醒即可。计算机待机和唤醒计算机的操作步骤如下：

① 单击"开始"→"关闭计算机"命令，弹出"关闭计算机"对话框，如图 2.20 所示。

单击"待机"按钮，这时显示器会慢慢暗下来，主机的声音也慢慢变小，计算机进入待机状态。

② 要将计算机从待机状态唤醒，用户只需要移动一下鼠标，或者按键盘上的任意键后，计算机就会醒过来，显示器慢慢亮起，主机又运转起来。稍待片刻，进入 Windows XP 后可以发现，界面与待机前一样，所有窗口和程序都在原来的位置上。如果用户设置了密码，系统将要求进入输入密码才能重新登录。

注意：计算机待机后，只是自动关闭显示器和硬盘的电源，用户千万不可手动关闭显示器和主机的电源开关，否则将会造成非正常关机。

● 注销和切换用户

Windows XP 是一个允许多个用户共同使用一台计算机的操作系统，每个用户都可以拥有自己的设置和工作环境（如"开始"菜单、桌面背景和显示外观等），各个用户之间互不干扰。使用"切换用户"和"注销"命令，都可以在不关闭计算机的情况下，让其他用户使用计算机，其操作步骤如下：

① 单击"开始"→"注销"命令，弹出"注销 Windows"对话框，如图 2.21 所示。

图2.20 "关闭计算机"对话框　　　　　　图2.21 "注销"对话框

② 要关闭当前用户操作环境中所有的程序和窗口，可以单击"注销"按钮；要保留当前用户的操作环境不被关闭，则可以单击"切换用户"按钮，这样，当不关机再次登录到原用户的界面时，可以继续使用那些切换前打开的程序和窗口。

③ 在出现 Windows XP 登录界面中，单击另外一个用户名，并输入其登录密码，然后按 < Enter > 键登录。

● 重新启动

在图 2.20 中单击"重新启动"，系统将关闭正在运行的应用程序，清除所建立的临时文件，再次启动计算机。

XI . 关机

在每次使用计算机后，用户都要退出 Windows XP 操作系统并关闭计算机。只有这样，计算机才能正确保存本次使用时的一些信息，而这些信息是下次启动时所必须的。非正常的关闭将可能导致对计算机系统甚至硬件的伤害。要关闭计算机，在图 2.20 中单击"关闭"按钮即可。

实验二　Windows XP资源管理器等的使用

一、实验目的

● 了解资源管理器窗口的组成及文件、文件夹的浏览方式。
● 掌握在资源管理器中文件和文件夹的基本操作。
● 掌握回收站和磁盘的使用技术。
● 掌握资源管理器和"我的电脑"的异同点。

二、实验内容

● 启动资源管理器。
● 资源管理器的基本操作。
● 资源管理器的使用。
● 格式化磁盘。
● 回收站的基本操作。

三、实验步骤

Ⅰ.启动资源管理器

Windows XP 的资源管理器是一个用于文件管理的实用程序，它可以迅速地提供关于磁盘文件的信息，并可以将文件分类，清晰地显示文件夹的结构及内容。可以用以下的几种方法来启动资源管理器：

① 右击桌面上的"我的电脑"，可以在弹出的快捷菜单中打开资源管理器。

② 右击"开始"按钮，弹出快捷菜单，选择"资源管理器"命令。

③ 在"开始"菜单中，选择"程序"子菜单中的"附件"，单击其中的"Windows 资源管理器"命令。

资源管理器窗口与普通窗口之间切换的方法为单击工具栏中的"文件夹"按钮，如图 2.22。

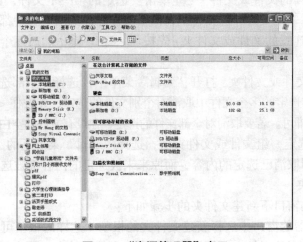

图 2.22 "资源管理器"窗口

Ⅱ. 资源管理器的基本操作

● **工具栏的打开与关闭**

打开"查看"菜单，观察图 2.23 所示的"工具栏"子菜单下的选项，若此命令前有"√"标记，表示该项已经打开，否则表示该项尚未打开，可以单击该项将其打开。

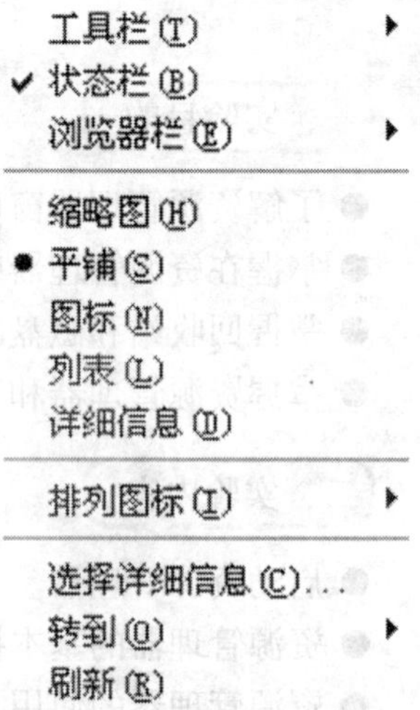

● **文件夹树的展开与折叠**

"资源管理器"窗口的左侧是计算机的树状目录，称为目录树，对于其中某个对象来说，如果它们还包含有其他子文件夹，那么旁边会显示一个加号（＋），要展开这个文件夹来看它们的子文件夹，就单击这个加号。当展开这个文件夹之后，加号（＋）自动变成减号（－），要想收缩这个文件夹，只要单击这个减号即可。收缩文件夹可使目录树看上去更加简单，减少过多的分支，可以快速地找到需要的对象。

工具栏 (T) ▶
✓ 状态栏 (B)
浏览器栏 (E) ▶
缩略图 (H)
● 平铺 (S)
图标 (N)
列表 (L)
详细信息 (D)
排列图标 (I) ▶
选择详细信息 (C)…
转到 (O) ▶
刷新 (R)

图2.23 "工具栏的打开与关闭"

● **显示文件夹的内容**

➤ 单击左窗格中的某一文件夹，则该文件夹处于打开状态，在右窗格中将显示该文件夹中的内容。

➤ 在右窗格中双击文件夹，则该文件夹被打开并在右窗格中显示该文件夹中的内容。

Ⅲ. 资源管理器的使用

● **改变文件列表的显示方式及顺序**

单击窗口工具栏中的"查看"按钮，选择文件列表方式，有五种不同的显示方式，分别是大图标、小图标、列表、详细资料和缩略图。

用户还可以对文件和文件夹进行排序，排序可以根据名称、类型、大小或日期进行。排序操作可以通过"查看"菜单中的"排列图标"命令项进行。

● **选择文件或文件夹**

对某个文件或文件夹进行操作时，首先要选中它，选定文件或文件夹的方法如下：

① 选定单个文件或文件夹：用鼠标单击所需要的文件或文件夹即可。

② 选定多个连续的文件或文件夹：先单击要选定的第一个文件，再按住 <Shift> 键，并单击要选定的最后一个文件，这样包括在两个文件之间的所有文件都被选定。

③ 选定多个不连续的文件或文件夹：先按住 <Ctrl> 键，然后逐个单击要选定的各个文件或文件夹即可。

④ 选定全部的文件或文件夹：打开"编辑"菜单中，选择"全部选定"命令即可。

⑤ 取消选定：在选定的多个文件中取消对个别文件的选定，先按住 <Ctrl> 键，单击所要取消的文件或文件夹即可。若要取消对全部文件的选定，在没有文件的空白区域单击一下即可。

⑥ 反向选定：选定一组文件或文件夹后，选择"编辑"菜单下的"反向选择"命令，则进行反向选择。即取消已选定的内容，而原来未被选定的内容都被选择。

● **建立新文件夹**

在资源管理器的窗口下新建文件夹的步骤如下：

① 在资源管理器的窗口中选择新建文件夹的根基（这样的根基可以是一个磁盘驱动器，也可以是一个已有的文件夹，如果选定一个已有的文件夹，那么新建的文件夹就是选

定文件夹的子文件夹）。

② 选择"文件"菜单中的"新建"命令，打开"新建"级联菜单，在"新建"级联菜单中单击"文件夹"命令，如图 2.24 所示，或用另外一种方法，即在资源管理器的右窗口中右击鼠标，在弹出的快捷菜单中选择"新建"，在"新建"级联菜单中选择"文件夹"命令即可。这时，一个新的文件夹就出现在资源管理器的右窗格文件列表底部，其默认的名字是"新建文件夹"，并且该名字处于编辑状态。

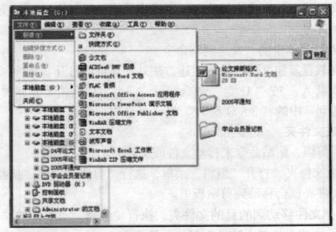

图2.24 "新建"菜单

③ 最后，为文件夹输入一个新的名字，然后按回车键确定。

创建文件夹的位置可以是桌面、软盘、硬盘或其他可移动磁盘等。

● **重命名文件或文件夹**

在 WindowsXP 中，对文件或文件夹重命名的方法有以下几种：

① 首先单击要重命名的文件或文件夹图标，再单击窗口中的"文件"菜单，选择"重命名"，其名称域就会出现插入光标，此时输入新的文件名，按回车键即可。

② 单击要重命名的文件或文件夹将其选定，然后按 F2 键，即可对其名称进行编辑。

③ 右击要重命名的文件或文件夹，然后从弹出的快捷菜单中选择"重命名"命令，进行编辑修改即可。

④ 右击要重命名的文件或文件夹，然后从弹出的快捷菜单中选择"属性"命令，在弹出的"属性"对话框的"常规"选项卡中的文本框中可以重新输入文件或文件夹的名称。

● **复制文件或文件夹**

实践中经常需要在文件夹或磁盘之间移动或复制文件。移动文件和复制很相似，移动文件是指文件从原位置消失，出现在新位置上。复制文件是指原位置上的文件仍然保留，而在新位置上创建文件的一个备份。复制文件或文件夹的方法如下：

➤ 菜单法：用复制、粘贴命令来复制文件或文件夹。

① 选定文件或文件夹，打开"编辑"菜单，执行"复制"命令，或者按下 <Ctrl>+C 键，这样所选文件或文件夹就会复制到剪贴板里。

② 打开想要把文件复制到的目的文件夹，执行"编辑"菜单中的"粘贴"命令，或者按下 <Ctrl>+V 键，这些文件就会复制到目的文件夹中。

➤ 右击法：右击后用快捷菜单中的复制、粘贴命令来复制文件或文件夹。

① 选定文件或文件夹，单击鼠标右键，在弹出的快捷菜单中选择"复制"命令，这

样所选文件或文件夹就会复制到剪贴板里。

② 打开想要把文件复制到的目的文件夹，单击鼠标右键，在弹出的快捷菜单中选择"粘贴"命令，这些文件就会复制到目的文件夹中。

➤ 拖放法

复制文件或文件夹，最简单的方法就是直接用鼠标把它们的图标拖放到目的地。在同一盘符上拖放文件或文件夹将执行复制操作，应按住 Ctrl 键，再拖放文件或文件夹；在不同盘符之间拖放文件或文件夹将直接执行复制操作。拖动鼠标执行复制操作时，鼠标光标的箭头尾部带"＋"号。

➤ 使用"文件"菜单中的"发送到"命令

若要从硬盘向软盘复制文件，除用上述方法外，还可以打开"文件"菜单，执行"发送"中的"3.5 软盘 A"或"U 盘"命令即可。或者可以右击要复制的对象，从弹出的菜单中执行"发送到"中的"3.5 软盘 A"或"U 盘"命令即可。

● 移动文件或文件夹

➤ 菜单法：用剪切、粘贴命令来移动文件或文件夹。

① 选定文件或文件夹，打开"编辑"菜单，执行"剪切"命令，或者按下 Ctrl+X 键，这样所选文件或文件夹就会移动到剪贴板里。

② 打开想要把文件移动到的目的文件夹，执行"编辑"菜单中的"粘贴"命令，或者按下 Ctrl+V 键，这些文件就会移动到目的文件夹中。

➤ 右击法：右击后用快捷菜单中的剪切、粘贴命令来移动文件或文件夹。

① 选定文件或文件夹，单击鼠标右键，在弹出的快捷菜单中选择"剪切"命令，这样所选文件或文件夹就会移动到剪贴板里。

② 打开想要把文件移动到的目的文件夹，单击鼠标右键，在弹出的快捷菜单中选择"粘贴"命令，这些文件就会移动到目的文件夹中。

➤ 拖放法

在同一盘符上拖放文件或文件夹将直接执行移动操作；在不同盘符之间拖放文件或文件夹将执行移动操作时，应按住 Shift 键，再拖放文件或文件夹。拖动鼠标执行移动操作时，鼠标光标的箭头尾部不带"＋"号。

● 删除文件或文件夹

（1）文件或文件夹的删除

先选定要删除的文件或文件夹，再执行下面的任意一种操作即可：

• 按下键盘上的 Delete 键。

• 选中要删除的文件单击文件夹窗口的"文件"菜单，选择"删除"命令。

• 右击要删除的文件或文件夹，从弹出的快捷菜单中选择"删除"。

• 按住鼠标左键，把要删除的文件或文件夹拖放到回收站中。

在进行了上面的任意一项操作后，系统自动弹出一个对话框询问用户是否要把该文件或文件夹移入回收站，如果单击"是"，那么该文件或文件夹将被放到回收站中，如图 2.24 所示。

（2）恢复被删除的文件或文件夹

用户删除一个文件或文件夹后，如果尚未执行其他操作，则可以在"编辑"菜单中选择"撤消"命令，将刚刚删除的文件或文件夹恢复到原来的位置，然后用"查看"菜单中的"刷新"操作刷新窗口中的显示；如果进行了其他操作，则可以在"回收站"中找到被删除的对象，并恢复之。双击桌面上的"回收站"图标，打开"回收站"窗口，如图 2.25 所示，从中选定要恢复的文件或文件夹，单击"文件"菜单，选择"还原"命令。或者右击该对象，在弹出的快捷菜单中选择"还原"命令即可。

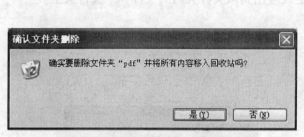

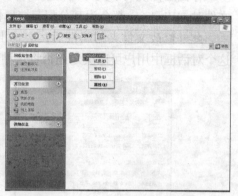

图2.25 文件夹删除确认对话框　　　　　　　　图2.26 "回收站"窗口

● 查看并设置文件夹和文件的属性

在 Windows 中，可以很方便地查看文件夹或文件的属性，了解有关文件夹或文件的大小、创建日期以及其他的重要数据。设置文件或文件夹的属性时，右键单击文件或文件夹，然后从弹出的菜单中选择"属性"即可。图 2.27 是文件夹属性的对话框，图 2.28 是文件属性的对话框。

文件夹属性对话框中包含了两个选项卡。"常规"选项卡显示了文件夹的名称、所包含的子文件夹及文件的数量、总共所占用字节数和属性等信息，用户可以在这里直接修改文件夹的名称。"共享"选项卡则可以设置文件夹的共享属性和共享权限。

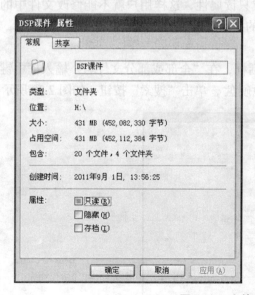

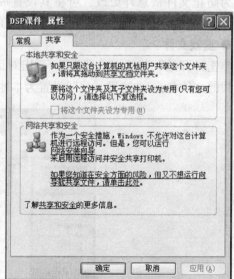

图 2.27 文件夹属性对话框

文件属性对话框的"常规"选项卡包括文件名称、文件位置、文件大小、创建时间、最近一次修改时间、最后一次打开时间和属性等相关信息。在这个选项卡中用户不仅可以直接修改文件名，还可以通过单击"更改"按钮修改文件打开方式。

文件或文件夹可以没有属性，也可以是以下属性的组合：存档、隐藏和只读。

存档属性说明了文件夹在上次备份以后已被更改。每次创建一个新文件或改变一个旧文件时，Windows 都会为其分配存档属性。

此外修改文件夹的属性后，会弹出如图 2.29 所示的"确认属性更改"的对话框，在这个对话框中用户可以决定是否将这种更改应用到该文件夹内的文件和子文件夹上。

图 2.28　文件属性的对话框

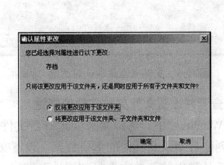

图 2.29　"确认属性更改"对话框

某些程序使用隐藏属性来标记重要文件。如果设置了隐藏属性，那么该文件将不出现在文件的正常列表中。要显示隐藏的文件或文件夹，则需要执行"工具"菜单中的"文件夹选项"命令，在其对话框中设置。

为防止文件被意外更改，可将其设置成只读属性，这样用户就不能修改文件中的内容，当删除只读文件时，系统还会给出相应的提示。

● 查找文件

单击"开始"菜单中"搜索"，弹出对话框，在"全部或部分文件名"输入框中键入要查找的文件名，"在这里寻找"设置为本地硬盘，单击"搜索"按钮，如图 2.30 所示。

图2.30　查找对话框

双击查找到的文件的图标，则可打开对应的文件。

Ⅳ.磁盘管理

● 磁盘扫描和检查工具

选中要进行检查的磁盘驱动器，单击鼠标右键，选择"属性"菜单项，在弹出的对话框中选择"工具"选项卡，再单击"开始检查"按钮，出现"磁盘检查"对话框。根据需要，用户可以自由选择是否要"自动修复文件系统错误"和"扫描并试图恢复坏扇区"，如图2.31所示。

● 磁盘清理

计算机要定期进行磁盘清理，以便释放磁盘空间。"附件"中的"磁盘清理"命令可打开"磁盘清理"对话框，选择1个驱动器，再单击"确定"按钮。在完成计算和扫描等工作后，系统列出了指定驱动盘上的所有可删除的无用文件，然后选择要删除的文件，单击"确定"按钮即可。如图2.32所示。

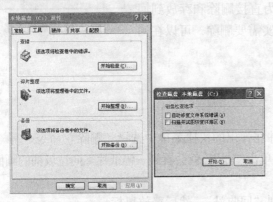

图2.31　磁盘检查对话框

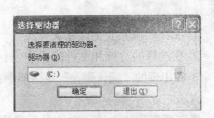

图2.32　磁盘清理对话框

● 磁盘碎片整理

选择"附件"中的"磁盘碎片整理"命令，打开对话框，在此窗口中选择逻辑驱动器，单击"分析"按钮，进行磁盘分析。对驱动器的碎片分析后，系统自动激活"查看报告"，单击该按钮，打开"分析报告"对话框，系统给出了驱动器碎片分布情况及该卷的信息。单击"碎片整理"按钮，系统自动完成整理工作，并显示进度条，如图2.33所示。

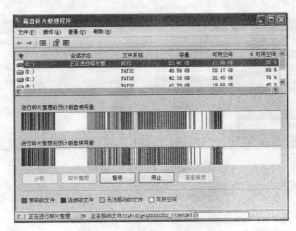

图2.33　磁盘碎片整理对话框

● 格式化磁盘

　　格式化磁盘是按照一定的格式对磁盘进行规划，达到能正确地存储数据的目的。要格式化磁盘可在"我的电脑"中用鼠标右击该磁盘的图标，然后从弹出的快捷菜单中选择"格式化"命令，在图 2.34 所示的对话框中，单击"开始"按钮，系统即可将指定的磁盘格式化。

图 2.34 磁盘格式化

　　在图 2.34 中"快速格式化"选项，用来表示仅仅删除磁盘上的文件，而不检查磁盘的损坏情况。它只适用于对已被格式化过且没有损坏的磁盘进行格式化。

　　注意：磁盘格式化会将磁盘上的所有信息删除，因此在对磁盘（特别是硬盘）格式化时一定要慎重。

Ⅴ.回收站的基本操作

　　在 Windows XP 上删除文件可以分为直接删除和存放到回收站两种。存放到回收站的文件如果确实需要删除，可以在回收站内删除。

● 删除文件和文件夹

方法一：

① 选择要删除的文件和文件夹。

② 在选择的文件和文件夹上右击，并在弹出的快捷菜单中选择"删除"命令。

③ 在出现的"确认删除"对话框中，单击"是"，就会看到一幅纸片飞向垃圾桶的画面。

方法二：

把需要删除的文件和文件夹直接拖到"回收站"，然后释放鼠标。

● 从回收站中还原已删除的文件或文件夹

如果需要恢复被删除的文件和文件夹，可按下列步骤操作：

① 双击桌面上的"回收站"图标，打开"回收站"窗口，如图 2.35 所示。

② 选择已被删除而欲还原的文件和文件夹。

③ 单击窗口左侧的"还原此项目"命令或单击右键后在弹出的快捷菜单中点击"还原"。

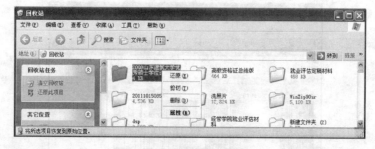

图2.35　"回收站"窗口

● 清空回收站

按下列步骤操作：

① 双击桌面上的"回收站"图标，打开"回收站"窗口。

② 选择已被删除至回收站并且想彻底清除的文件和文件夹，单击右键后在弹出的快捷菜单中点击"删除"；若单击窗口左侧的"清空回收站"命令，则会清除回收站中的所有文件和文件夹。

实验三 使用Windows控制面板设置系统环境

一、实验目的

● 掌握控制面板的启动方法。
● 熟悉控制面板的主要功能。

二、实验内容

● 显示器的设置。
● 鼠标的设置。
● 日期时间的设置。
● 输入法设置。
● 添加与删除程序。
● 安装、设置和删除打印机。
● 查看系统属性。

三、实验步骤

I. 启动控制面板

启动控制面板的方法有3种：

① 双击桌面上的"我的电脑"图标，在弹出的窗口中，单击"控制面板"图标即可。

② 单击"开始"，在弹出的菜单中选择"设置"，在它的级联菜单中选择"控制面板"即可。

③ 用任意一种方法启动"资源管理器"后在左窗格"我的电脑"目录树下选择"控制面板"就可进入"控制面板"窗口，如图2.36所示。

图2.36 "控制面板"窗口

在 Windows XP 系统中，控制面板有经典视图和分类视图两种视图模式。图 2.36 为分类视图模式。在打开的控制面板窗口中，可以通过窗口左窗格控制面板选项区中的切换到经典视图选项对显示方式进行更改。经典视图模式如图 2.37 所示。

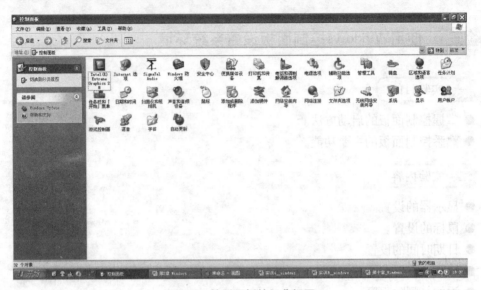

图2.37 控制面板的经典视图

Ⅱ . 显示器的设置

在控制面板的经典视图中有一个"显示"图标，双击它后可打开"显示器"属性对话框，用户可以根据自己的喜好改变桌面的背景、颜色、窗口外观、屏幕保护及屏幕分辨率等。另外，直接在桌面的空白位置单击右键，从快捷菜单中选择"属性"，也可以打开"显示器"对话框。

● **设置桌面背景**

① 在"显示属性"对话框中，单击"桌面"选择"背景"选项卡，如图 2.38 所示。

② 在"背景"列表框中，用户可以选择一幅图片作为桌面的背景，选择的墙纸可以在上面的显示器里预览到。墙纸的显示方式有"居中"、"平铺"和"拉伸"三种。"居中"方式将图片放在桌面正中；"平铺"方式将图片以多张平铺的形式铺满整个桌面；"拉伸"方式以改变图片大小的形式使其铺满整个桌面。

③ 如果用户想选择一张图片做背景，可以在被打开的图片的任意位置右击，在弹出的对话框中选择"设制为桌面背景"即可。

● **设置屏幕保护程序**

当屏幕上的画面长时间没有变化，即长时间对计算机没有任何操作，不按键盘，也不移动鼠标时，屏幕上的区域一直是高亮度显示，这样将加速显像管的老化。因此，用户可以设置屏幕保护程序，使计算机在不进行任何操作时，会自动启动一个动画程序，来保护屏幕。屏幕保护程序一般是随机出现在屏幕各个位置的动画图案。用户可通过按任意键或移动一下鼠标消除屏幕保护程序，回到正常的状态。

设置"屏幕保护程序"的方法是：在"显示属性"对话框中，选择"屏幕保护程序"

选项卡，如图 2.39 所示，用户可从"屏幕保护程序"下拉列表框中选择自己喜欢的屏幕保护程序。

图 2.38 "显示属性"对话框

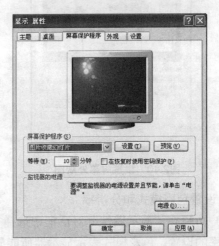

图 2.39 设置"屏幕保护程序"

用户也可以单击"设置"按钮，自己来设置屏幕保护程序中的文字、背景、速度、位置等。单击"预览"按钮可以让用户立刻看到屏幕保护的效果。在"等待"微调框中输入时间，表示系统在多少分钟内接不到用户按键或移动鼠标的信号后，将自动启动屏幕保护程序。当用户选择"密码保护"复选框后，将在运行屏幕保护程序时锁定计算机。结束屏幕保护程序重新开始工作时，系统将提示用户键入密码进行解锁，此时的屏幕保护程序密码与登录密码相同。

单击图 2.39 中的"电源"按钮，可以设置在多长时间的等待后，系统将进入节电状态，自动关闭显示器、关闭硬盘。注意，显示器进入屏幕保护状态和进入节电状态是不同的，屏幕保护不能节能。

注：通过图 2.39 中的"电源"按钮，可以设置计算机的"休眠"状态。休眠是另一种不使用计算机时节电的方法，和待机一样，计算机启动时将恢复到休眠前的工作状态。休眠和待机的不同在于：计算机进入休眠时，会将内存中的所有内容保存在硬盘上，然后将计算机断电，而不像待机那样还保留了内存的电源。因此休眠比待机的节电效果更好，但是从休眠状态重新启动计算机要比从待机状态下唤醒要慢许多。

要将计算机从休眠状态中唤醒，就需要重新加电启动计算机，即打开主机的电源，启动系统并再次登录，可以发现休眠前的工作界面将被全部恢复，用户可以继续工作了。

● 设置窗口外观

如果用户想改变窗口的外观，可以在"显示器属性"中选择"外观"选项卡，如图 2.40 所示。可从下拉列表框中选择一种满意的方案，并可以对窗口中的各个项目，如菜单、窗口、活动的窗口标题栏和边框、非活动窗口的标题栏和边框、滚动条、图标、桌面进行设置。设置之后的效果可以立刻通过预览框看到。

● 设置效果

对于桌面上的图标形式的改变以及菜单和工具栏的出现效果，用户可以通过"效果"选项卡来设定，如图 2.41 所示。

 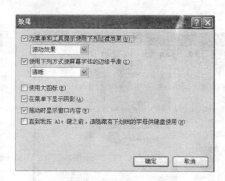

图2.40　设置屏幕外观图　　　　　　　图2.41　"效果"选项卡

● 设置色彩模式和分辨率

用户可以在"显示属性"对话框中选择"设置"选项卡,进行显示器的色彩模式和屏幕分辨率的设置。色彩模式表示显示器所能显示的最多颜色数,如 16 色、256 色、增强色(16 位)、真彩色(32 位)等。其中多少位色表示用多少位(Bit)表示一个像素点的颜色。如 32 位色表示每个点的颜色用四个字节 32 位表示,也就是说,显示器共能显示 2^{32} 种,即 4 294 967 296 种颜色。当然,可显示的颜色数越多,色彩越逼真,就越接近真实效果。

屏幕分辨率即屏幕区域指在屏幕横、竖方向显示的像素点的数目,如 640 × 480 、1 024 × 768 等,如图 2.42 所示。分辨率越高,图像越清晰。

图2.42　"设置"选项卡

Ⅲ.日期/时间以及时区的设置

可以用以下两种方法来进行日期和时间以及时区的设置:

① 双击任务栏右下角的时间标示,在弹出的快捷菜单中单击"调整日期/时间"弹出如图 2.43 所示日期和时间属性对话框,在其中的时间和日期选项卡可以更改日期和时间,时区选项卡可以更改时区,点击"确定",完成修改。

② 右击任务栏右下角的时间标示,在弹出的快捷菜单中单击"调整日期/时间",同样可以弹出如图 2.43 所示日期和时间属性对话框,按照相同的方法可以对日期和时间以及时区进行设置。

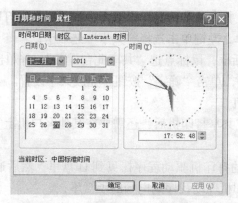

图2.43 "日期和时间"属性对话框

Ⅳ.打印机管理

● **连接打印机设备**

打印机设备买过来以后，应放置在室内干净整齐的办公桌面上，最好放在无人的角落处，可以预防打印机里产生的臭氧影响身体健康。

将打印机的电源线插入附近的插排，并拿出 USB 线插入主机上的 USB 插槽；启动计算机，进入 Windows 系统桌面，一切准备工作就绪。

● **安装打印机驱动程序**

打印机在使用之前，必须在计算机系统中安装打印机驱动程序。一般在购买打印机时，经销商都会免费赠送一张驱动程序光盘；如果没有，可以在打印机官方网站上下载该款打印机的驱动程序。

首先从光盘里安装打印机驱动程序：

➤ 按住光驱开关按钮，轻轻地放入光驱程序光盘，推进托盘，光驱指示灯亮；

➤ 鼠标双击打开桌面"我的电脑"，双击打开光驱，打开打印机电源；

➤ 双击执行光盘里的打印机驱动程序，弹出安装向导，单击"下一步"（这可能要多开几次打印机电源，才能成功）；

➤ 弹出连接即插即用打印机和打开打印机电源提示测试框，测试几分钟后，成功连接打印机设备；

➤ 弹出文件复制进度条，达到百分之百时，驱动程序安装成功。

● **设置默认打印机**

打印机驱动程序安装完毕后，即可正常使用该设备。但是为了更方便以后的使用，还需要将其设置为默认打印机：

➤ 鼠标单击"开始"按钮，弹出开始菜单，单击"打印机和传真"选项，弹出下级菜单，单击选择"添加打印机"；

➤ 弹出"打印机与传真"设置窗，鼠标右击选择打印机图标，弹出快捷功能菜单；

➤ 鼠标单击选择"设置为默认打印机"，则该图标上将出现一个"打勾"的标示，以后打印文档将都会默认选择此打印机。

● **共享打印机**

为了更方便办公室里的所有成员使用打印机，可以将本地计算机上的打印机设备共享出来，使得公司的每位职员通过网络连接到此台打印机设备：

➤ 在本地计算机的"打印机和传真"设置窗中，鼠标右击打印机图标；

➤ 弹出快捷功能菜单，左键单击选择"共享"选显卡；

➤ 弹出共享设置对话框，鼠标点选"共享此台设备"，并单击共享名文本框，输入共享名称，选择系统默认名，单击"确定"按钮，完成共享设置。

● **客户机添加打印机**

在本地计算机上完成共享打印机后，还需要在其他客户机上安装打印机驱动程序和添加打印机设备：

➤ 将本地计算机上的打印机驱动程序拷贝到 U 盘里，然后通过各台客户机上的 USB 插槽，拷贝 U 盘里的打印机驱动程序到电脑的硬盘里；

➤ 鼠标双击执行计算机硬盘里的驱动安装程序，直至安装完成；

➤ 鼠标单击"开始"按钮，弹出开始菜单，单击选择"打印机和传真"选项；

➤ 弹出该对话框，鼠标单击左侧面板区的"添加打印机"选项，弹出添加打印机向导窗口，单击"下一步"；

➤ 弹出添加打印机—本地或网络打印机向导对话框，鼠标点选"网络打印机或连接到其他计算机的打印机"，单击"下一步"；

➤ 弹出指定打印机对话框，鼠标点选"连接到这台打印机"，鼠标单击名称文本框，输入打印机名称例如 HP，单击"下一步"；

➤ 弹出游览打印机对话框，鼠标在其中单击选择共享的打印机，单击"下一步"；

➤ 此时即可连上局域网内的打印机设备进行网络打印文档，并且在打印机和传真框中生成一个打印机图标。（关闭打印机与传真窗口）

● **打印文档**

打印机完全装好以后就要进行打印文档了。鼠标单击选择需要打印的文档，双击将其打开。鼠标单击文档面板上方的"文件"选项，弹出下拉菜单。鼠标单击"打印"选项，弹出打印预览窗口，鼠标可以在其中调整文档的属性。鼠标单击打印份数文本框，输入数字。再次单击"打印"按钮，打印机设备启动，打印出文档。

Ⅴ.添加/删除程序

双击"控制面板"窗口中的"添加或删除程序"图标，弹出"添加或删除程序"窗口，如图 2.44 所示。

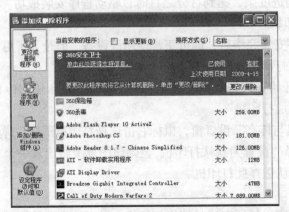

图2.44　"添加或删除程序"窗口

● 更改或删除程序

操作步骤：单击"添加或删除程序"窗口左侧"更改或删除程序"按钮，在"当前安装的程序"列表框中选择需要删除的程序，如图 2.44 所示，单击"更改 / 删除"按钮，可以从系统中卸载应用程序。

● 添加新程序

操作步骤：单击"添加新程序"按钮，可以从软盘或光盘中安装程序。

Ⅵ . 用户账户

双击"控制面板"窗口中的"用户账户"图标，弹出"用户账户"设置窗口，如图 2.45 所示。

图2.45 "用户账户"设置窗口

● 创建新账户

①在"用户账户"窗口中选择"创建一个新账户"。

②在打开的窗口文本框中输入新户名"ZYNEW"，再单击"下一步"按钮，然后按照向导完成其他设置，如图 2.46 所示。

③完成向导后，新账户 ZYNEW 将显示在"用户账户"窗口中。

④选择 ZYNEW 账户，进入账户设置对话框，点击 创建密码 按钮，输入密码后点击"创建密码"按钮，即完成操作。

● 更改账户密码及图片等

① 在"用户账户"窗口中选择"更改账户"。

② 在打开的窗口文本框中选择要进行更改的账户。

③ 在打开的窗口文本框中选择"更改我的密码"或"更改我的图片"，如图 2.47 所示。

图2.46 创建新账户   图2.47 更改账户

● 注销和切换用户

其操作步骤如下：

①单击"开始"→"注销"命令，弹出"注销 Windows "对话框，如图 2.48 所示。

② 要关闭当前用户操作环境中所有的程序和窗口，可以单击"注销"按钮；要保留当前用户的操作环境不被关闭，则可以单击"切换用户"按钮，这样，当不关机再次登录到原用户的界面时，可以继续使用那些切换前打开的程序和窗口。

③ 在出现 Windows XP 登录界面中，单击另外一个用户名，并输入其登录密码，然后按下 Enter 键登录。

图2.48 "注销"对话框

Ⅶ. 输入法设置

● 查看输入法

双击控制面板窗口中的区域和语言选项图标，弹出区域和语言选项对话框，如图 2.49 所示。在语言选项卡中单击详细信息按钮，弹出"文字服务和输入语言"对话框，如图 2.50 所示。

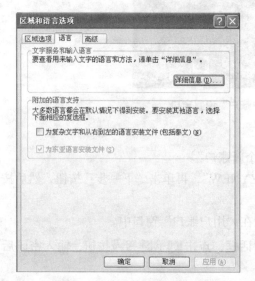

图2.49 区域和语言选项对话框

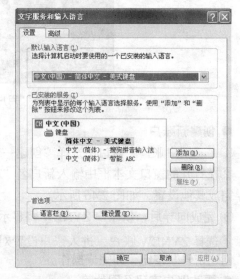

图2.50 "文字服务和输入语言"对话框

● 删除输入法

以删除智能 ABC 输入法为例，操作方法为：在"文字服务和输入语言"对话框中，选择"设置"选项卡，在"已安装的服务"中选择智能 ABC 输入法，单击"删除"按钮，即完成操作。

● 添加输入法

以添加全拼输入法为例，操作方法为：选择"设置"选项卡，单击"添加"按钮，弹出"添加输入语言"对话框，在"输入语言"中选择中文，在"键盘布局/输入法"中选择全拼输入法，单击"确定"按钮，即完成操作。

Ⅷ. 鼠标的设置

双击"控制面板"窗口中的"鼠标"图标，弹出"鼠标属性"对话框，如图 2.51 所示。

（1）更改鼠标指针方案为"Windows 标准（特大）"，鼠标"正常选择"的形状为 cross_r.cur，启用指针阴影，并将该方案另存为"新鼠标方案"。

操作提示：

① 选择"指针"选项卡，在"方案"中选择Windows 标准（特大）。

② 在"自定义"的列表框中选择"正常选择"。

③ 单击"浏览"按钮，找到 cross_r.cur 并选中。

④ 在"启用指针阴影"复选框前打"√"。

⑤ 单击"另存为"按钮并命名为"新鼠标方案"。

（2）将鼠标指针的移动速度设置为"快"，双击速度设置为较慢，显示指针轨迹，并且取消"指针阴影"的显示。

① 选择"鼠标键"选项卡，在"双击速度"中将滑块移动到较慢。

② 选择"指针选项"选项卡，在"移动"中将滑块移动到快。

图2.51 "鼠标属性"对话框

③ 在"可见性"中，将"显示指针踪迹"复选框前打"√"。

④ 选择"指针"选项卡，将"启用指针阴影"复选框前的"√"取消。

Ⅸ. 查看系统属性

通过"系统属性"对话框，可以了解系统的设备配置情况，查看设置的驱动程序是否正常安装。

双击"控制面板"中的"系统"图标，打开"系统属性"对话框。在"常规"选项卡中，详细说明了计算机操作系统的版本号、注册号、计算机的型号以及内存大小，如图 2.52 所示。

单击"硬件"选项卡中的"设备管理器"按钮，显示系统的硬件。选中某个设备后，单击"属性"按钮，可以查看设备的属性，如图 2.53 所示。

图2.52 系统属性对话框

图2.53 设备管理器对话框

实验四 Windows XP常用的附件程序

一、实验目的

● 了解 Windows 附件中写字板、记事本、画图、通讯簿、计算器等的作用。

● 熟悉 Windows 附件中多媒体的操作。

二、实验内容

● 写字板的使用。
● 记事本的使用。
● 画图的使用。
● 通讯簿的使用。
● 计算器的使用。
● Windows XP 多媒体程序。

三、实验步骤

I . 写字板

"写字板"是一个使用简单，但却功能强大的文字处理程序，用户可以利用它进行日常工作中文件的编辑。它不仅可以进行中英文文档的编辑，而且还可以图文混排，插入图片、声音、视频剪辑等多媒体资料。

● 认识写字板

当用户要使用写字板时，可执行以下操作：

在桌面上单击"开始"按钮，在打开的"开始"菜单中执行"所有程序"→"附件"→"写字板"命令，这时就可以进入"写字板"界面，如图 2.54 所示。

从图 2.54 中可以看到，它由标题栏、菜单栏、工具栏、格式栏、水平标尺、工作区和状态栏几部分组成。

● 新建文档

当用户需要新建一个文档时，可以在"文件"菜单中进行操作，执行"新建"命令，弹出"新建"对话框，用户可以选择新建文档的类型，默认的为 RTF 格式的文档。单击"确定"后，即可新建一个文档进行文字的输入，如图 2.55 所示。

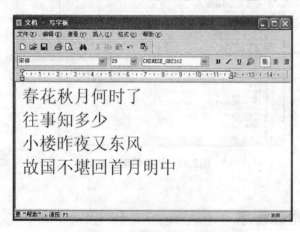

图2.54 "写字板"界面

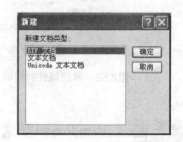

图2.55 "新建"对话框

设置好文件格式后，还要进行页面的设置，在"文件"菜单选择"页面设置"命令，弹出"页面设置"对话框，用户可以选择纸张的大小、来源及使用方向，还可以进行页边距的调整，如图 2.56 所示。

● **字体及段落格式**

当用户设置好文件的类型及页面后，就要进行字体及段落格式的选择了，比如文件用于正式的场合，要选择庄重的字体，反之，可以选择一些轻松活泼的字体。

用户可以直接在格式栏中进行字体、字形、字号和字体颜色的设置，也可以利用"格式"菜单中的"字体"命令来实现，选择这一命令后，出现"字体"对话框，如图 2.57 所示。

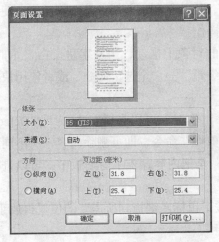

图2.56 "页面设置"对话框

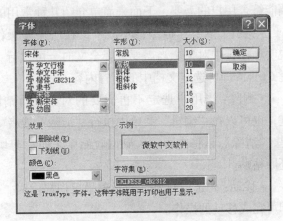

图2.57 "字体"对话框

（1）在"字体"的下拉列表框中有多种中英文字体可供用户选择，默认为"宋体"，在"字形"中用户可以选择常规、斜体等，在字体的大小中，字号用阿拉伯数字标识的，字号越大，字体就越大，而用汉语标识的，字号越大，字体反而越小。

（2）在"效果"中可以添加删除线、下划线，用户可以在"颜色"的下拉列表框中选择自己需要的字体颜色，"示例"中显示了当前字体的状态，它随用户的改动而变化。

在用户设置段落格式时，可选择"格式"菜单中的"段落"命令，这时弹出一个"段落"对话框，如图 2.58 所示。

缩进是指用户输入段落的边缘离已设置好的页边距的距离，可以分为三种：

•左缩进：指输入的文本段落的左侧边缘离左页边距的距离。

•右缩进：指输入的文本段落的右侧边缘离右页边距的距离。

•首行缩进：指输入的文本段落的第一行左侧边缘离左缩进的距离。

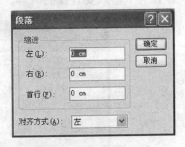

图2.58 "段落"对话框

在"段落"对话框中，输入所需要的数值，它们都是以厘米为单位的。确定后，文档中的段落会发生相应的改变。

调整缩进时，用户也可通过调节水平标尺上的小滑块的位置来改变缩进设置。

在"段落"中，有三种对齐方式：左对齐、右对齐和居中对齐。

当然，用户可以直接在格式栏上单击按钮左对齐 ▤ 、居中对齐 ▤ 和右对齐 ▤ 来进行文本的对齐。

有时，用户会编写一些属于并列关系的内容，这时，如果要加上项目符号，可以使全文简洁明了，更加富有条理性。用户可以先选中所要操作的对象，然后执行"格式"→"项目符号样式"命令，或者可以在格式栏上单击项目符号按钮来添加项目符号。

● 编辑文档

编辑功能是写字板程序的灵魂，通过各种方法，比如复制、剪切、粘贴等操作，使文档能符合用户的需要，下面来简单介绍几种常用的操作：

•选择：按下鼠标左键不放手，在所需要操作的对象上拖动，当文字呈反白显示时，说明已经选中对象。当需要选择全文时，可执行"编辑"→"全选"命令，或者使用快捷键 Ctrl+A 即可选定文档中的所有内容。

•删除：当用户选定不再需要的对象进行清除工作时，可以在键盘上按下"Delete"键，也可以在"编辑"菜单中执行"清除"或者"剪切"命令，即可删除内容，所不同的是，"清除"是将内容放入到回收站中，而"剪切"是把内容存入了剪贴板中，可以进行还原粘贴。

•移动：先选中对象，当对象呈反白显示时，按下鼠标左键拖到所需要的位置再放手，即可完成移动的操作。

•复制：用户如要对文档内容进行复制时，可以先选定对象，使用"编辑"菜单中的"复制"命令，也可以使用快捷键 Ctrl+C 来进行。

移动与复制的区别在于，进行移动后，原来位置的内容不再存在，而复制后，原来位置的内容还存在。

•查找和替换：有时，用户需要在文档中寻找一些相关的字词，如果全靠手动查找，会浪费很多时间，利用"编辑"菜单中"查找"和"替换"就能轻松地找到所想要的内容。这样，会提高用户的工作效率。

在进行"查找"时，可选择"编辑"→"查找"命令，弹出"查找"对话框，用户可以在其中输入要查找的内容，单击"查找下一个"即可，如图2.59所示。

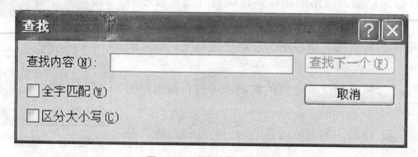

图2.59　"查找"对话框

全字匹配：主要针对英文的查找，选择后，只有找到完整的单词后，才会出现提示，而其缩写则不会查找到。

区分大小写：当选择后，在查找的过程中，会严格地区分大小写。

这两项一般都默认为不选择，用户如需要时，可选择其复选框。

如果用户需要某些内容的替换时，可以选择"编辑"→"替换"命令，出现"替换"对话框，如图 2.60 所示。

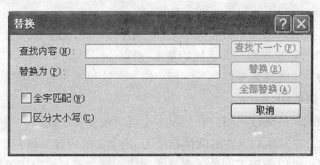

图2.60 "替换"对话框

在"查找内容"中输入原来的内容，即要被替换掉的内容，在"替换为"输入要替换后的内容，输入完成后，单击"查找下一处"按钮，即可查找到相关内容，单击"替换"只替换一处的内容，单击"全部替换"则在全文中都替换掉。

为了提高工作效率，用户可以利用快捷键或者通过在选定对象上右击后所产生的快捷菜单中进行操作，同样也可以完成各种操作。

● 插入菜单

用户在创建文档的过程中，常常要进行时间的输入，利用"插入"菜单可以方便地插入当前的时间而不用逐条输入，而且可以插入各种格式的图片以及声音等。

用户在使用时，先选定将要插入的位置，然后选择"插入"→"日期和时间"命令，弹出"日期和时间"对话框，在其中为用户提供了多种格式的日期和时间，用户可随意选择，如图 2.61 所示。

在写字板中用户可以插入多种对象，当选择"插入"→"对象"命令后，即可弹出"插入对象"对话框，用户可以选择要插入的对象，在"结果"中显示了对所选项的说明，单击"确定"后，系统将打开所选的程序，用户可以选择所需要的内容插入，如图 2.62 所示。

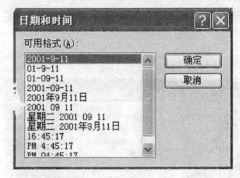
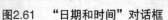

图2.61 "日期和时间"对话框　　　　图2.62 "插入对象"对话框

Ⅱ. 记事本

记事本用于纯文本文档的编辑，功能没有写字板强大，适于编写一些篇幅短小的文件，由于它使用方便、快捷，因此应用也是比较多的，比如，一些程序的 Read Me 文件通常是以记事本的形式打开的。

在 Windows XP 系统中的"记事本"又新增了一些功能，比如，可以改变文档的阅读顺序，可以使用不同的语言格式来创建文档，能以若干不同的格式打开文件等。

启动记事本时，用户可依以下步骤来操作：

单击"开始"按钮，选择"所有程序"→"附件"→"记事本"命令，即可启动记事本，如图 2.63 所示，它的界面与写字板的基本一样。

关于记事本的一些操作几乎都和写字板一样，在这里不再过多讲述，用户可参照上节关于写字板的介绍来使用。

为了适应不同用户的阅读习惯，在记事本中可以改变文字的阅读顺序，在工作区域右击，弹出快捷菜单，在"从右到左的阅读顺序"，则全文的内容都移到了工作区的右侧。

在记事本中用户可以使用不同的语言格式创建文档，而且可以用不同的格式打开或保存文件，当用户使用不同的字符集工作时，程序将默认保存为标准的 ANSI（美国国家标准化组织）文章。

用户可以用不同的编码进行保存或打开，如 ANSI、Unicode、big-endian Unicode 或 UTF-8 等类型。

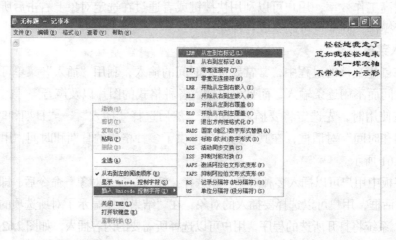

图2.63　记事本

Ⅲ．画图

"画图"程序是一个位图编辑器，可以对各种位图格式的图画进行编辑，用户可以自己绘制图画，也可以对扫描的图片进行编辑修改，在编辑完成后，可以以 BMP、JPG、GIF等格式存档，用户还可以将文件发送到桌面和其他文本文档中。

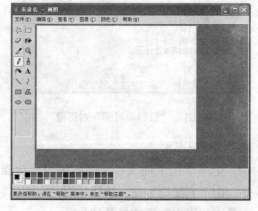

● 认识"画图"界面

当用户要使用画图工具时，可单击"开始"按钮，单击"所有程序"→"附件"→"画图"，这时用户可以进入"画图"界面，如图 2.64 所示，为程序默认状态。

图2.64　"画图"界面

下面来简单介绍程序界面的构成：
- 标题栏：在这里标明了用户正在使用的程序和正在编辑的文件。
- 菜单栏：此区域提供了用户在操作时要用到的各种命令。
- 工具箱：它包含了16种常用的绘图工具和一个辅助选择框，为用户提供多种选择。
- 颜料盒：它由显示多种颜色的小色块组成，用户可以随意改变绘图颜色。
- 状态栏：它的内容随光标的移动而改变，标明了当前鼠标所处位置的信息。
- 绘图区：处于整个界面的中间，为用户提供画布。

● **页面设置**

在用户使用画图程序之前，首先要根据自己的实际需要进行画布的选择，也就是要进行页面设置，确定所要绘制的图画大小以及各种具体的格式。用户可以通过选择"文件"菜单中的"页面设置"命令来实现，如图2.65所示。

在"纸张"选项组中，单击向下的箭头，会弹出一个下拉列表框，用户可以选择纸张的大小及来源，可从"纵向"和"横向"复选框中选择纸张的方向，还可进行页边距离及缩放比例的调整，当一切设置好之后，用户就可以进行绘画的工作了。

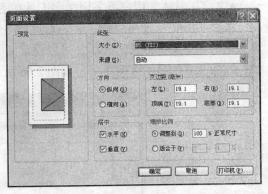

图2.65 "页面设置"对话框

● **使用工具箱**

"工具箱"中为用户提供了16种常用的工具，当每选择一种工具时，在下面的辅助选择框中会出现相应的信息，比如当选择"放大镜"工具时，会显示放大的比例，当选择"刷子"工具时，会出现刷子大小及显示方式的选项，用户可自行选择。

- 裁剪工具：利用此工具可以对图片进行任意形状的裁切，单击此工具按钮，按下左键不松开，对所要进行的对象进行圈选后再松开手，此时出现虚框选区，拖动选区，即可看到效果。

- 选定工具：此工具用于选中对象，使用时单击此按钮，拖动鼠标左键，可以拉出一个矩形选区对所要操作的对象进行选择，用户可对选中范围内的对象进行复制、移动、剪切等操作。

- 橡皮工具：用于擦除绘图中不需要的部分，用户可根据要擦除的对象范围大小来选择合适的橡皮擦，橡皮工具根据背景色而变化，当用户改变其背景色时，橡皮会转换为绘图工具，类似于刷子的功能。

- 填充工具：运用此工具可对一个选区内进行颜色的填充，来达到不同的表现效果，用户可以从颜料盒中进行颜色的选择，选定某种颜色后，单击改变前景色，右击改变背景色，在填充时，在填充对象上单击填充前景色，右击填充背景色，一定要在封闭的范围内进行，否则整个画布的颜色会发生改变，达不到预想的效果。

- 取色工具：此工具的功能等同于在颜料盒中进行颜色的选择，运用此工具时可单击该工具按钮，在要操作的对象上单击，颜料盒中的前景色随之改变，而对其右击，则背景色会发生相应的改变，当用户需要对两个对象进行相同颜色填充，而这时前、背景色的颜色已经调乱时，可采用此工具，能保证其颜色的绝对相同。

• 放大镜工具 🔍：当用户需要对某一区域进行详细观察时，可以使用放大镜进行放大，选择此工具按钮，绘图区会出现一个矩形选区，选择所要观察的对象，单击即可放大，再次单击回到原来的状态，用户可以在辅助选框中选择放大的比例。

• 铅笔工具 ✏：此工具用于不规则线条的绘制，直接选择该工具按钮即可使用，线条的颜色依前景色而改变，可通过改变前景色来改变线条的颜色。

• 刷子工具 🖌：使用此工具可绘制不规则的图形，使用时单击该工具按钮，在绘图区按下左键拖动即可绘制显示前景色的图画，按下右键拖动可绘制显示背景色图画。用户可以根据需要选择不同的笔刷粗细及形状。

• 喷枪工具 🖫：使用喷枪工具能产生喷绘的效果，选择好颜色后，单击此按钮，即可进行喷绘，在喷绘点上停留的时间越久，其浓度越大，反之，浓度越小。

• 文字工具 A：用户可采用文字工具在图画中加入文字，单击此按钮，"查看"菜单中的"文字工具栏"便可以用了，执行此命令，这时就会弹出"文字工具栏"，用户在文字输入框内输完文字并且选择后，可以设置文字的字体、字号，给文字加粗、倾斜、加下划线，改变文字的显示方向等等，如图2.66所示。

图2.66　文字工具

• 直线工具 ╲：此工具用于直线线条的绘制，先选择所需要的颜色以及在辅助选择框中选择合适的宽度，单击直线工具按钮，拖动鼠标至所需要的位置再松开，即可得到直线，在拖动的过程中同时按 Shift 键，可起到约束的作用，这样可以画出水平线、垂直线或与水平线成45°的线条。

• 曲线工具 ⌇：此工具用于曲线线条的绘制，先选择好线条的颜色及宽度，然后单击曲线按钮，拖动鼠标至所需要的位置再松开，然后在线条上选择一点移动鼠标则线条会随之变化，调整至合适的弧度即可。

• 矩形工具 ▭、椭圆工具 ◯、圆角矩形工具 ▢：这三种工具的应用基本相同，当单击工具按钮后，在绘图区直接拖动即可拉出相应的图形，在其辅助选择框中有三种选项，包括以前景色为边框的图形、以前景色为边框背景色填充的图形、以前景色填充没有边框的图形，在拉动鼠标的同时按 Shift 键，可以分别得到正方形、正圆、正圆角矩形工具。

• 多边形工具 ：用户可以利用此工具绘制多边形，选定颜色后，单击工具按钮，在绘图区拖动鼠标左键，当需要弯曲时松开手，如此反复，到最后时双击鼠标，即可得到相应的多边形。

● 图像及颜色的编辑

在画图工具栏的"图像"菜单中，用户可对图像进行简单的编辑，下面来学习相关的内容：

（1）在"翻转和旋转"对话框内，有三个复选框：水平翻转、垂直翻转及按一定角度旋转，如图 2.67 所示，用户可以根据自己的需要进行选择。

（2）在"拉伸和扭曲"对话框内，有拉伸和扭曲两个选项组，如图 2.68 所示，用户可以选择水平和垂直方向拉伸的比例和扭曲的角度。

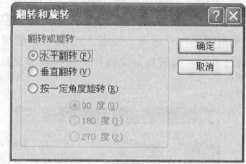

图2.67　"翻转和旋转"对话框

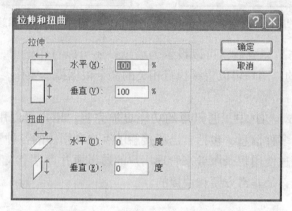

图2.68　"拉伸和扭曲"对话框

（3）选择"图像"下的"反色"命令，图形即可呈反色显示，图 2.69、图 2.70 是执行"反色"命令前后的两幅对比图。

图2.69　"反色"前

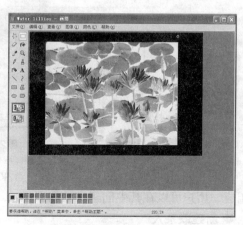

图2.70　"反色"后

（4）在"属性"对话框内，显示了保存过的文件属性，包括保存的时间、大小、分辨率以及图片的高度、宽度等，用户可在"单位"选项组下选用不同的单位进行查看，如图 2.71 所示。

生活中的颜色是多种多样的，在颜料盒中提供的色彩也许远远不能满足用户的需要，当"颜色"菜单中为用户提供了选择的空间，执行"颜色"→"编辑颜色"命令，弹出"编辑颜色"对话框，如图 2.72 所示，用户可在"基本颜色"选项组中进行色彩的选择，也可以单击"规定自定义颜色"按钮自定义颜色，然后再添加到"自定义颜色"选项组中。

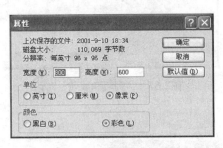

图2.71　　"属性"对话框

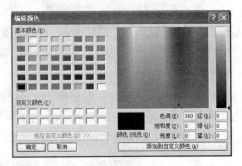

图2.72　　"编辑颜色"对话框

当用户的一幅作品完成后，可以设置为墙纸，还可以打印输出，具体的操作都是在"文件"菜单中实现的，用户可以直接执行相关的命令根据提示操作，这里不再过多叙述。

Ⅳ．通讯簿

在中文版 Windows XP 中，通讯簿的功能更加完善，用户可以用来存储自己的通讯录，在其中可以包含多种信息，包括自己所接触的客户和团体的各种资料，比如电话、联系地址等，还可以通过使用目录服务来管理用户的通讯簿并查寻个人和企业，这对经常有业务往来的用户来说，是非常方便和快捷的。

● 认识通讯簿

当用户需要使用通讯簿时，可以按以下方式进行操作：

单击"开始"按钮，选择"所有程序"→"附件"→"通讯簿"命令，就可以启动"通讯簿"，如图 2.73 所示。

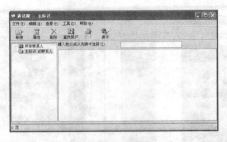

图2.73　通讯簿

从图 2.73 中可以看到，它由标题栏、菜单栏、工具栏、状态栏及文件夹和组等几部分组成，用户可以在其中创建自己的通讯录。

● 新建联系人

当用户要利用"通讯簿"来创建自己的通讯录时，可以选择"文件"菜单中的"新建联系人"命令,也可以直接单击工具栏上的"新建"按钮,在其下拉列表中选择"新建联系人",这时弹出联系人"属性"对话框,如图2.74所示。

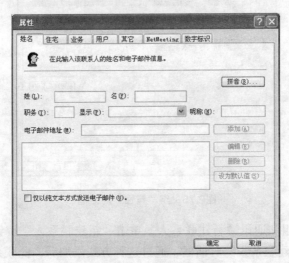

图2.74 联系人"属性"对话框

（1）在"姓名"选项卡中,用户可以输入该联系人的姓名、职务及电子邮件等相关信息,可以进行添加、删除等一些操作。

（2）在"住宅"选项卡中,用户可以详细地输入该联系人的家庭信息,包括电话、传真等,当计算机联网时,在"网页"选项中键入网址,单击"转到"按钮可以打开其主页进行浏览。

（3）在"业务"选项卡中,用户可以输入该联系人的业务上的一些信息,用户只要如实填写即可。

（4）在"用户"选项卡中,用户可以输入该联系人的一些个人信息,包括其配偶、子女、性别、生日等一些资料。

（5）在"其他"选项卡中,用户还可以添加该联系人的一些其他信息,如附注等。

（6）在"NetMeeting"选项卡中,用户可以记录该联系人的会议信息,如会议服务器、地址等。

（7）在"数字标识"选项卡中,用户可以添加、删除、查看此联系人的数字标识。

（8）当各种资料都填写好以后,用户单击"确定",即可成功创建一条联系人记录。

● 新建组

用户在使用通讯簿的过程中,也许会输入好多条记录,这时会显得杂乱,难以管理,这时,用户可以分门别类地将各个联系人添加到固定的组中,这样有利于资料的管理。

和新建联系人一样,在菜单或工具栏上选择"新建组"命令,即可弹出新建组属性对话框,如图2.75所示。

用户先输入组的名称,然后就可添加成员,当创建完毕后,如果需要改动,可随时进行各种添加或删除等修改。

在"组"选项卡中,用户有三种添加成员的方式:

• 从通讯簿中选择某人添加,单击"选择用户"按钮,在弹出的"选择组员"对话框中进行选择。

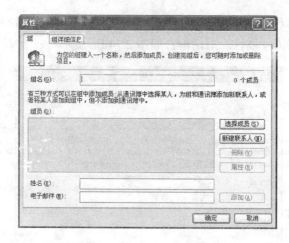

图2.75　组"属性"对话框

•用户可在此为组和通讯簿新建联系人，单击"新建联系人"按钮，即可弹出与上小节所述的一样的"新建联系人"对话框，通过这种方式添加后，此联系人同时在组和通讯簿里出现。

•用户也可只在组中添加成员，而不添加到通讯簿里，用户可直接在对话框下方的"姓名"、"电子邮件"输入资料，再单击"添加"按钮，即可成功添加此联系人。

在"详细资料"中用户可以输入所要创建组的详细信息，单击"确定"后，完成创建组的工作。

● 查找与排序

为了使用户能在众多的联系人中快速找到所需要的资料，通讯簿还提供了查寻和排序功能，这样可以方便用户使用，提高工作效率。

在进行搜寻工作时，选择"编辑"菜单中的"查找用户"命令，或者在工具栏上直接单击"查找用户"按钮，这时出现"查找用户"对话框。

当"搜索范围"选择为"通讯簿"时，用户可以在下面的选项中输入相关条件，单击"开始查找"按钮，即可查找到所需要的内容。

在"搜索范围"的下拉列表框中还有基于互联网进行查找的选项，如果用户需要在网上查找更多的信息，可以选择其目录服务选项，然后再定义查找的条件进行查找，如图2.76所示。

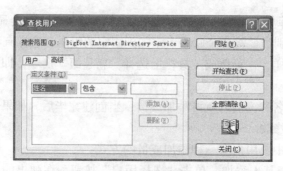

图2.76　"查找用户"对话框

为了方便查看和管理，有时用户需要进行排序的工作，这时可以在菜单栏中选择"查看"→"排序方式"命令，这里为用户提供了多种选择，如按姓名、电子邮件等顺序进行排列。当用户选定某种方式后，在详细信息栏中将出现一个凹下的三角形按钮，标明当前所选的状态。

此外，通讯簿还能与其他的程序建立联系，使用"文件"菜单中的"导入"和"导出"命令，可以把通讯簿文件、名片文件从别的程序导出，也可以把它们导入到其他程序中。

Ⅴ.计算器

计算器可以帮助用户完成数据的运算，它可分为"标准计算器"和"科学计算器"两种。"标准计算器"可以完成日常工作中简单的算术运算，"科学计算器"可以完成较为复杂的科学运算，如函数运算等，运算的结果不能直接保存，而是将结果存储在内存中，以供粘贴到别的应用程序和其他文档中。它的使用方法与日常生活中所使用的计算器的方法一样，可以通过鼠标单击计算器上的按钮来取值，也可以通过从键盘上输入来操作。

● 标准计算器

在处理一般的数据时，用户使用"标准计算器"就可以满足工作和生活的需要了，单击"开始"按钮，选择"所有程序"→"附件"→"计算器"命令，即可打开"计算器"窗口，系统默认为"标准计算器"，如图2.77所示。

图2.77　标准计算器

计算器窗口包括标题栏、菜单栏、数字显示区和工作区几部分。

工作区由数字按钮、运算符按钮、存储按钮、清除按钮和操作按钮组成，当用户使用时可以先输入所要运算的算式的第一个数，在数字显示区内会显示相应的数，然后选择运算符，再输入第二个数，最后选择"="按钮，即可得到运算后数值，在键盘上输入时，也是按照同样的方法，到最后敲回车键即可得到运算结果。

当用户在进行数值输入过程中出现错误时，可以单击"Backspace"键逐个进行删除，当需要全部清除时，可以单击"CE"按钮，当一次运算完成后，单击"C"按钮即可清除当前的运算结果，再次输入时可开始新的运算。

计算器的运算结果可以导入到其他应用程序中，用户可以选择"编辑"→"复制"命令把运算结果粘贴到别处，也可以其他的地方复制好运算算式后，选择"编辑"→"粘贴"命令，在计算器中进行运算。

● 科学计算器

当用户从事非常专业的科研工作时，要经常进行较为复杂的科学运算，可以选择"查看"→"科学型"命令，弹出科学计算器窗口，如图2.78所示。

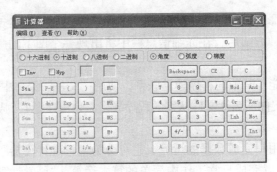

图2.78　科学计算器

此窗口增加了基数数制选项、单位选项及一些函数运算符号，系统默认的是十进制，当用户改变其数制时，单位选项、数字区、运算符区的可选项将发生相应的改变。

用户在工作过程中，也许需要进行数制的转换，这时可以直接在数字显示区输入所要转换的数值，也可以利用运算结果进行转换，选择所需要的数制，在数字显示区会出现转换后的结果。

另外，科学计算器可以进行一些函数的运算，使用时要先确定运算的单位，在数字区输入数值，然后选择函数运算符，再单击"="按钮，即可得到结果。

Ⅵ. 程序兼容向导

由于中文版 Windows XP 是新开发的操作系统，就存在与其他应用程序是否兼容的问题，如果用户在使用该操作系统的过程中，发现运行的应用程序出现问题，而该程序在 Windows 的早期版本中工作正常，使用"程序兼容向导"将帮助用户选择和测试兼容性设置，对旧程序进行配置，以解决可能出现的问题。需要指出的是，不能将此向导用于 Windows 旧版本的病毒检测、备份等。

（1）当用户要使用向导时，可单击"开始"按钮，选择"所有程序"→"附件"→"程序兼容向导"命令，这时会出现"程序兼容向导"对话框，单击"下一步"按钮开始进行程序的查找，如图 2.79 所示。

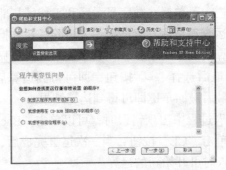

图2.79　"程序兼容向导"对话框之一

（2）当用户选择"我想从程序列表中选择"单选项时，然后单击"下一步"按钮，会要求用户选择一个程序，在"选择一个程序"列表中列出了所有的程序，用户可以选择出现问题的程序，如图 2.80 所示。

图2.80 "程序兼容向导"对话框之二

用户也可以把程序光盘放入光驱中，选择"我想使用在 CD-ROM 驱动其中的程序"单选项，然后从光盘中进行选择。

用户如选择"我想手动定位程序"，系统要求键入到程序的快捷方式或可执行文件的路径，也可以单击"浏览"按钮，在打开的"请选择应用程序"对话框中进行选择，如图 2.81 所示。选择好程序后，单击"下一步"按钮。

图2.81 "程序兼容向导"对话框之三

（3）这时系统会要求用户选择以前正确支持此程序的推荐操作系统，用户可以根据自己使用的经验选择一种兼容模式。

（4）接下来的一步是选择程序的显示配置，如果用户所选的程序不是游戏或教育标题，可以不在这一项上进行选择，直接单击"下一步"按钮。

在下面进行的步骤中，用户可以根据自己的需要选择，当完成后，以后再使用该应用程序时一般不会再出现不兼容的问题。

此外，在附件中还有几项程序，由于它们使用时简单而方便，我们不在这里作过多的叙述，具体的操作用户可选择相应的命令，然后根据提示即可完成。

"漫游 Windows XP"会引导用户了解它的新功能，在其中，系统提供了两种格式，即动画教程和非动画教程，动画教程中包含文字、动画、音乐和声音，而非动画教程中只显示文字和图形，进入后用户可以选择所需要的内容进行查看。

使用"同步"可以更新脱机（即用户的计算机不在线）编辑过资料的网络副本，诸如文档、日历和电子邮件消息。

使用"TrueType 造字程序"可以修改字符如何在屏幕上显示。

Ⅶ. Windows XP 多媒体程序

多媒体是指将文字、声音、图像、动画以及视频影像等多种媒体结合起来表达和传递信息的方法。在 Windows XP 的附件中，给出了功能强大、使用方便的多媒体应用软件。

● 媒体播放（Windows Media Player）

媒体播放机可以播放多媒体文件，用户可以用它来观看生动的视频影像，欣赏动听的 CD 音乐，还可以播放波形文件和 MIDI 文件的乐曲。

用户可以通过"开始"→"程序"→"附件"→"娱乐"→"媒体播放机（Windows Media Player）"步骤来打开"媒体播放机"窗口，如图 2.82 所示。窗口下放有许多控制按钮，如果将鼠标指向它们，屏幕上会显示它们的基本功能。根据提示，用户可以容易的实现各中操作。

使用 Windows Media Player，能播放 CD、MP3、视频文件，收听 Internet 广播等，可以复制 CD 上的音乐、将音乐复制到便携设备中。

播放多媒体文件的方法是：用户在"文件"菜单下单击"打开"命令，选择所需的多媒体文件，根据所选文件格式通过窗口栏左侧的按纽来选择播放模式，打开一个多媒体文件之后，点击播放器底部的"播放"按钮即可。

图 2.82　Windows Media Player 启动窗口

● 录音机

使用"录音机"可以录制、混合、播放和编辑声音，也可以将声音链接或插入另一个文档中。单击"开始"→"程序"→"附件"→"娱乐"→"媒体播放机"，将出现录音机窗口如图 2.83 所示。

图 2.83　录音机窗口

对未压缩的声音文件，可以通过"向文件中添加声音"、"删除部分声音文件"、"更改回放速度"、"更改回放方向"、"更改或转换声音文件类型"、"添加回音"等进行修改。具体使用技术可以通过"帮助（H）"查到。

注意：要录音，计算机必须安装麦克风。录下的声音被保存为波形（.wav）文件。

● 音量控制

在任务栏的右面有一个小喇叭形状的扬声器图标，双击它就可以打开"音量控制"窗口，对音量进行控制。用户也可以通过"开始"→"程序"→"附件"→"娱乐"→"音量控制"步骤来打开"音量控制"窗口，如图2.84所示。

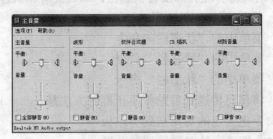

图 2.84 音量控制窗口

在"音量控制"窗口中，有上下两排滑标，上排为"平衡"控制，下排为"音量"控制。平衡滑标是用来调整左右音箱的音量分配和平衡的。在一般情况下，平衡滑标居中，左右音箱的音量相同，如滑标偏向哪一边，哪一边音箱的音量就大。音量标尺用于控制左右音箱的总体音量，从下向上拖动滑标，音量增加。

在"音量"控制窗口中，最左边一栏是"音量"的主控制板，它可以调整所有设备的声音均衡和音量。在该栏的最底部，有一个"全部静音"复选框，如果选中它，则所有设备的声音就消失了。

第2单元　习题部分

一、单项选择题

1. 在 Windows XP 中，显示在窗口最顶部的称为（　　）。
   A. 标题栏　　　　　B. 信息栏　　　　　C. 菜单栏　　　　　D. 工具栏

2. 如果在 Windows 的资源管理底部没有状态栏，那么要增加状态栏的操作是（　　）。
   A. 单击"编辑"菜单中的"状态栏"命令
   B. 单击"查看"菜单中的"状态栏"命令
   C. 单击"工具"菜单中的"状态栏"命令
   D. 单击"文件"菜单中的"状态栏"命令

3. 在 Windows 中，将信息传送到剪贴板不正确的方法是（　　）。
   A. 用"复制"命令把选定的对象送到剪贴板
   B. 用"剪切"命令把选定的对象送到剪贴板
   C. 用 Ctrl+V 把选定的对象送到剪贴板
   D. Alt+PrintScreen 把当前窗口送到剪贴板

4. 在 Windows XP 中，"粘贴"的快捷键为（　　）。
   A. Ctrl+V　　　　B. Ctrl+A　　　　C. Ctrl+X　　　　D. Ctrl+C

5. 在 Windows XP 资源管理器操作中，当打开一个子目录后，全部选中其中内容的快捷键是（　　）。
   A. Ctrl+C　　　　　B. Ctrl+A　　　　　C. Ctrl+X　　　　　D. Ctrl+V

6. 在 Windows XP 中，按下（　　）键并拖曳某一文件夹到一文件夹中，可完成对该程序项的复制操作。
   A. Alt　　　　　B. Shfit　　　　　C. 空格　　　　　D. Ctrl

7. 在 Windows XP 中，按住鼠标器左键同时移动鼠标器的操作称为（　　）。
   A. 单击　　　　　B. 双击　　　　　C. 拖曳　　　　　D. 启动

8. 在 Windows XP 中，（　　）窗口的大小不可改变。
   A. 应用程序　　　　B. 文档　　　　C. 对话框　　　　D. 活动

9. 在 Windows XP 中，连续两次快速按下鼠标器左键的操作称为（　　）。
   A. 单击　　　　　B. 双击　　　　　C. 拖曳　　　　　D. 启动

10. 在 Windows XP 中，利用鼠标器拖曳（　　）的操作，可缩放窗口大小。
    A. 控制框　　　　B. 对话框　　　　C. 滚动框　　　　D. 边框

11. Windows XP 是一种（　　）。
    A. 操作系统　　　　B. 字处理系统　　　　C. 电子表格系统　　　D. 应用软件

12. 在 Windows XP 中，将某一程序项移动到一打开的文件夹中，应（　　）。
    A. 单击鼠标左键　　　　　　　　　B. 双击鼠标左键
    C. 拖曳　　　　　　　　　　　　　D. 单击或双击鼠标右键

13. 在 Windows XP 中，不能通过使用（　　）的缩放方法将窗口放到最大。
    A. 控制按钮　　　　B. 标题栏　　　　C. 最大化按钮　　　　D. 边框

14. 在 Windows XP 中，快速按下并释放鼠标器左键的操作称为（　　　）。

    A. 单击   B. 双击   C. 拖曳   D. 启动

15. 在 Windows XP 中，（　　　）颜色的变化可区分活动窗口和非活动窗口。

    A. 标题栏   B. 信息栏   C. 菜单栏   D. 工具栏

16. 在 Windows XP 中，（　　　）部分用来显示应用程序名、文档名、目录名、组名或其他数据文件名。

    A. 标题栏   B. 信息栏   C. 菜单栏   D. 工具栏

17. 关闭"资源管理器"，可以选用（　　　）。

    A. 单击"资源管理器"窗口右上角的"×"按钮

    B. 单击"资源管理器"窗口左上角的图标，然后选择"关闭"

    C. 单击"资源管理器"的"文件"菜单，并选择"关闭"

    D. 以上三种方法都正确

18. 把 Windows 的窗口和对话框作一比较，窗口可以移动和改变大小，而对话框（　　　）。

    A. 既不能移动，也不能改变大小   B. 仅可以移动，不能改变大小

    C. 仅可以改变大小，不能移动   D. 既可移动，也能改变大小

19. 在 Windows XP 中，允许同时打开（　　　）应用程序窗口。

    A. 一个   B. 两个   C. 多个   D. 10 个

20. 在 Windows XP 中，利用 Windows 下的（　　　），可以建立、编辑文档。

    A. 剪贴板   B. 记事本   C. 资源管理器   D. 控制面板

21. 在 Windows XP 中，将中文输入方式切换到英文方式，应同时按（　　　）键。

    A. Alt+ 空格   B. Ctrl+ 空格   C. Shift+ 空格   D. Enter+ 空格

22. Windows "任务栏"上的内容为（　　　）。

    A. 当前窗口的图标   B. 已经启动并在执行的程序名

    C. 所有运行程序的程序按钮   D. 已经打开的文件名

23. 在 Windows 中，当程序因某种原因陷入死循环，下列方法中能较好地结束该程序的是（　　　）。

    A. 按 Ctrl+Alt+Del 键，然后选择"结束任务"结束该程序的运行

    B. 按 Ctrl+Del 键，然后选择"结束任务"结束该程序的运行

    C. 按 Alt+Del 键，然后选择"结束任务"结束该程序的运行

    D. 直接 Reset 结束该程序的运行

24. Windows XP 的"桌面"指的是（　　　）。

    A. 某个窗口   B. 整个屏幕   C. 某一个应用程序   D. 一个活动窗口

25. 在 Windows XP 中，对于"任务栏"的描述不正确的是（　　　）。

    A. Windows XP 允许添加工具栏到任务栏

    B. 利用"任务栏属性"对话框的"任务栏选项"选项卡提供的"总在最前"可以选择是否允许其他窗口覆盖"任务栏"

    C. 当"任务栏"是"自动隐藏"的属性时，正在行动其他程序时，"任务栏"不能显示

    D. "任务栏"的大小是可以改变的

26. 在 Windows XP 中关于"开始"菜单，下列说法正确的是（　　　）。

A. "开始"菜单中的所有内容都是计算机自己自动设定的，用户不能修改其中的内容

B. "开始"菜单中的所有选项都可以移动和重新组织

C. "开始"菜单绝大部分都是可以定制的，但出现在菜单第一级的大多数选项不能被移动和重新组织，例如，"关闭"，"注销"等

D. 给"开始"→"程序"菜单添加以及组织菜单项都只能从"文件夹"窗口拖入文件。

27. 在 Windows XP 资源管理器中，按（　　）键可删除文件。

　　A. F7　　　　　　　　B. F8　　　　　　　　C. Esc　　　　　　　　D. Delete

28. 在 Windows XP 资源管理器中，改变文件属性应选择"文件"菜单项中的（　　）命令。

　　A. 运行　　　　　　　B. 搜索　　　　　　　C. 属性　　　　　　　D. 选定文件

29. 在 Windows XP 资源管理器中，单击第一个文件名后，按住（　　）键，再单击最后一个文件，可选定一组连续的文件。

　　A. Ctrl　　　　　　　B. Alt　　　　　　　C. Shift　　　　　　　D. Tab

30. 在 Windows XP 资源管理器中，"编辑"菜单项中的"剪切"命令（　　）。

　　A. 只能剪切文件夹　　　　　　　　　　B. 只能剪切文件

　　C. 可以剪切文件或文件夹　　　　　　　D. 无论怎样都不能剪切系统文件

31. 在 Windows XP 资源管理器中，创建新的子目录，应选择（　　）菜单项中的"新建"下的"文件夹"命令。

　　A. 文件　　　　　　　B. 编辑　　　　　　　C. 工具　　　　　　　D. 查看

32. 在 Windows XP 中，单击资源管理器中的（　　）菜单项，可显示提供给用户使用的各种帮助命令。

　　A. 文件　　　　　　　B. 选项　　　　　　　C. 窗口　　　　　　　D. 帮助

33. 在 Windows XP 资源管理器中，当删除一个或一组目录时，该目录或该目录组下的（　　）将被删除。

　　A. 文件　　　　　　　　　　　　　　　　B. 所有子目录

　　C. 所有子目录及其所有文件　　　　　　　D. 所有子目录下的所有文件（不含子目录）

34. 在 Windows XP 中，选定某一文件夹，选择执行"文件"菜单项的"删除"命令，则（　　）。

　　A. 只删除文件夹而不删除其内的程序项

　　B. 删除文件夹内的某一程序项

　　C. 删除文件夹内的所有程序项而不删除文件夹

　　D. 删除文件夹及其所有程序项

35. 在 Windows XP 资源管理器中，若想格式化一张磁盘，应选（　　）。

　　A. 在"文件"菜单项中，选择"格式化"命令

　　B. 在资源管理器中根本就没有办法格式化磁盘

　　C. 右键单击磁盘图标，在弹出的快捷菜单中选择"格式化"命令

　　D. 在"编辑"菜单项中选择"格式化磁盘"命令

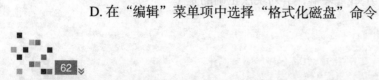

36. 在 Windows XP 资源管理器中，单击第一个文件名后，按住（　　）键，再单击另外一个文件，可选定一组不连续的文件。

 A. Ctrl　　　　　　 B. Alt　　　　　　 C. Shift　　　　　　 D. Tab

37. 在 Windows XP 的资源管理器窗口中，（　　）显示当前目录窗口被选磁盘的可用空间和总容量、信息、当前被选目录中的文件总数和所占用的空间等信息。

 A. 标题栏　　　　　 B. 菜单栏　　　　　 C. 状态栏　　　　　 D. 工具栏

38. 在 Windows XP 的资源管理器中，选择执行"文件"菜单项中的（　　）命令，可删除文件夹或程序项。

 A. 新建　　　　　　 B. 复制　　　　　　 C. 移动　　　　　　 D. 删除

39. 在 Windows XP 中，切换不同的汉字输入法，应同时按下（　　）键。

 A. Ctrl+Shift　　　 B. Ctrl+Alt　　　 C. Ctrl+ 空格　　　 D. Ctrl+Tab

40. 在 Windows XP 中，下列说法正确的是（　　）。

 A. 每台计算机可以有多个默认打印机

 B. 如果一台计算机安装了两台打印机，则这两台打印机都可以不是默认打印机

 C. 每台计算机如果已经安装了打印机，则必有一个也仅仅有一个默认打印机

 D. 默认打印机是系统自动产生的，用户不用更改

参考答案：

1-5 ABCAB	6-10 DCCBD	11-15 ACDAA	16-20 ADBCB
21-25 BBABC	26-30 CDCCC	31-35 ADCDC	36-40 ACDAC

二、上机操作题

1. 打开"开始"菜单，查看"开始"菜单项，然后打开写字板窗口，练习窗口的移动、缩放、最小化、最大化、还原、关闭等操作。

2. 在记事本窗口中调出每个菜单，查看菜单中的命令，打开控制菜单，练习最小化、最大化、还原、关闭命令的操作。

3. 在资源管理器窗口中，练习窗口的移动、缩放、最小化、最大化、还原等操作，以及改变左右窗格的大小和移动滚动条等操作。

4. 打开资源管理器，在左窗格练习展开和折叠文件夹操作，在右窗格练习选择文件、以不同的方式显示文件和以不同的顺序排列文件的操作。

5. 将任务栏设置为如下样式：

（1）隐藏桌面所有图标；

（2）设置任务栏为自动隐藏并将桌面显示在任务栏上；

（3）锁定任务栏，避免误操作将任务栏移动到桌面的其它位置；

（4）设置"微软拼音输入法"为默认输入法，并删除 / 添加"智能 ABC"输入法；

（5）显示或隐藏语言栏；

（6）设置系统时间为 2008 年 8 月 8 日 20 点整。

6. 在 C 盘根文件夹下建立文件夹 TRY ，并在 TRY 下再建立两个新文件夹：WORK1 和 WORK2 ，并在 WORK1 中新建一个名为 BOOK1 的 Word 文档，在 WORK2 中新建一个名为 RJ 的 Text 文档。

7. 对第 6 题的文件或文件夹执行以下各操作：

（1）把 WORK1 下的所有对象移动到 WORK2 中，再查看 WORK1 和 WOEK2 的内容。

（2）把 BOOK1 重命名为 ART1 。

（3）把 WORK2 下的所有对象复制到 WORK1 下。

（4）把 WORK2 文件夹下的所有文件都删除掉。

8. 结合第 6 题，查看 C 盘驱动器、TRY 文件夹的属性，设置 RJ.TXT 文件的属性为只读属性。

9. 设置系统日期为一个月前的今天，时间为 12 时 30 分。

10. 设置电源使用方案为"家用 / 办公桌"，在方案内设置"5 分钟之后"关闭监视器，"从不"关闭硬盘，"从不"系统待机。

11. 打开"鼠标"对话框，设置指针方案为"指挥家"，每一次滚动滑轮下列 2 行。

12. 设置屏幕保护程序为"变幻线"，等待时间为 3 分钟。

13. 利用"计算器"功能，将整数 20 转换为二进制数。

14. 结合第 6 题，将 WORK1 中的所有内容删除（放入回收站），再从回收站恢复该文件，并将回收站中的其他文件彻底删除。

15. 创建一个名为"computer"的用户账户，并将其密码设置为 123。

第三章

文字处理软件
Word 2003

本章重点

★ 掌握 Word 文档的创建与保存
★ 掌握 Word 文档的基本编辑和格式化
★ 掌握文档中对象的插入环绕编辑
★ 掌握 Word 文档中表格的创建和编辑
★ 掌握文档的页面设置、页眉 / 页脚的设置以及打印的方法
★ 了解 Word 常用工具的使用

第1单元　实验部分

实验一　Word 2003 文档编辑

一、实验目的

- 掌握 Word 2003 应用程序的启动与退出。
- 掌握 Word 2003 文档的新建、保存与打开的操作方法。
- 掌握文档录入、编辑、查找、替换、定位等操作方法。
- 进一步熟练菜单、窗口、对话框等的操作。

二、实验内容

- Word 2003 应用程序的启动。
- Word 2003 应用程序的退出。
- Word 2003 文档的建立。
- Word 文档的打开。
- Word 文档的保存。
- Word 文档的编辑。
- 查找文本。
- 替换文本。
- 撤销与恢复。

三、实验步骤

I．Word 2003 应用程序的启动

方法 1：使用一般的方法启动 "Microsoft Office Word 2003"。

单击"开始"按钮，在弹出的菜单中选择"程序"→"Microsoft Office"→"Microsoft Office Word 2003"菜单项即可，如图 3.1 所示。

方法 2：使用桌面快捷方式启动 "Microsoft Office Word 2003"。

用户首先在桌面上为 Word 创建一个"Microsoft Office Word 2003"快捷方式：单击"开始"按钮，在弹出的菜单中选择"程序"→"Microsoft Office"菜单项，然后将鼠标指针移至弹出的子菜单"Microsoft Office Word 2003"上，单击鼠标右键，在弹出的快捷菜单中选择"发送到"→"桌面快捷方式"菜单项即可。然后双击桌面上 Word 的快捷方式图标启动 Word，如图 3.2 所示。

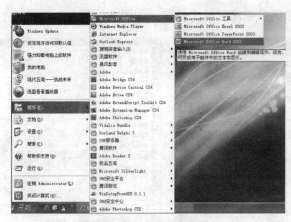 

图3.1 通过"开始"菜单启动Word　　图3.2 通过桌面快捷方式启动Word

Ⅱ. Word 2003 应用程序的退出

方法1：单击 Word 窗口右上角的"关闭"按钮⊠。

方法2：单击菜单栏中"文件"/"退出"。

方法3：双击 Word 窗口左上角的控制图标圙或使用快捷键 Alt+F4。

Ⅲ. Word 2003 文档的建立

方法1：在启动 Word 时，自动新建一个空文档，默认文件名为"文档1"。

方法2：使用菜单栏创建文档。单击菜单栏中"文件"按钮，在弹出的菜单中选择"新建"菜单项。

方法3：使用工具栏创建文档。单击常用工具栏中的"新建"按钮▯。

方法4：使用模板创建文档。单击菜单栏中"文件"按钮，在弹出的菜单中选择"新建"菜单项，弹出如图 3.3 所示的任务窗格，单击下方"本机上的模板"链接，打开"模板"对话框，如图 3.4 所示，从中选择需要的模板样式。

图3.3 "新建文档"任务窗格　　图3.4 根据模板创建新文档

Ⅳ. Word 文档的打开

方法1：使用菜单栏或工具栏打开文档。单击菜单栏中"文件"按钮，在弹出的菜单中选择"打开"菜单项或者单击常用工具栏中的"打开"按钮▣，在弹出的"打开"对话框中，选择文档如图 3.5 所示。

方法2：打开最近使用过的文档。单击"开始"按钮，在弹出的菜单中选择"文档"，或单击菜单栏中"文件"按钮，选择弹出菜单中底部的文件名，如图3.6所示。

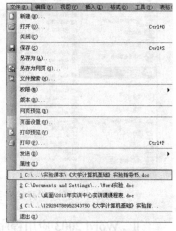

图3.5　"打开"对话框　　　　　　　　　　图3.6　文件菜单底部的文件名

Ⅴ．Word 文档的保存

1. 保存新的、未命名的文档

单击菜单栏中"文件"按钮，在弹出的菜单中选择"保存"菜单项，如图3.7所示；或单击常用工具栏中的"保存"按钮，在弹出的"另存为"对话框中，设定保存的位置和文件名，如图3.8所示。

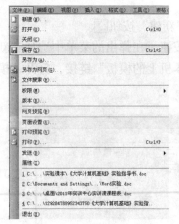

图3.7　选择"保存"命令　　　　　　　　　图3.8　"另存为"对话框

2. 保存已有的文档

单击菜单栏中"文件"→"保存"菜单项，或者单击工具栏中的"保存"按钮，无需设定路径和文件名，以原路径和文件名存盘。

3. 自动保存文档

Word 2003 提供了一种定时自动保存文档的功能，可以根据设定的时间间隔定时自动地保存文档。单击菜单栏中"工具"按钮，在弹出的菜单中选择"选项"菜单项，如图3.9所示，在弹出的"选项"对话框中单击"保存"选项卡，如图3.10所示，选中"自动保存时间间隔"复选框，并设定自动保存时间间隔。

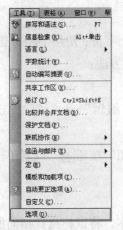 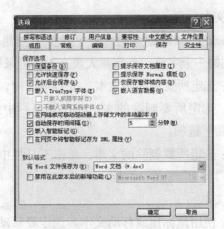

图3.9　选择"选项"命令　　　图3.10　"选项"对话框

Ⅵ．Word 文档的编辑

1. 选定文本

方法 1：使用鼠标选定文本。将鼠标指针移到要选定文本的首部，按下鼠标左键并拖曳到所选文本的末端，然后松开鼠标。所选文本可以是一行文字、一个句子、一个段落、整篇文档或矩形文本框。

选定一行文字：将鼠标指针移动到该行的左侧，鼠标指针变成一个指向右上方的箭头 ↗，然后单击。

选定一个句子：按住 Ctrl 键的同时，单击句中的任意位置。

选定一个段落：将鼠标指针移动到该行的左侧，鼠标指针变成一个指向右上方的箭头 ↗，然后双击。

选定整篇文档：将鼠标指针移动到该行的左侧，鼠标指针变成一个指向右上方的箭头 ↗，然后快速三击；或者将鼠标移至左侧，按住 Ctrl 键的同时单击鼠标；或者使用 Ctrl+A 组合键。

选定矩形文本框：按住 Alt 键的同时，按住鼠标向下拖动。

方法 2：使用组合键选定文本。将光标移动到所要选定的文本之前，然后用组合键选择文本。常用组合键及功能如下：

Shift+ →：向右选取一个字符或一个汉字。

Shift+ ←：向左选取一个字符或一个汉字。

Shift+ ↑：选取至上一行。

Shift+ ↓：选取至下一行。

Ctrl+Shift+ →：向右选取一个单词。

Ctrl+Shift+ ←：向左选取一个单词。

Shift+Home：由光标处选取至当前行行头。

Shift+End：由光标处选取至当前行行尾。

Ctrl+A：选取整篇文档。

2. 删除文本

使用 BackSpace 键删除插入点（光标）左侧的一个字符；使用 Delete 键删除插入点（光标）右侧的一个字符。若删除大块文本，可采用如下方法：

方法 1：选定所要删除的文本，按 Delete 键。

方法 2：选定所要删除的文本，在菜单栏中选择"编辑"→"清除"选项，或"编辑"→"剪切"选项。

方法 3：选定所要删除的文本，单击工具栏中"剪切"按钮 ，或者单击右键从快捷菜单中选择"剪切"命令。

3. 移动文本

方法 1：使用鼠标拖放移动文本。选定要移动的文本，将鼠标指针指向所选文本，待鼠标指针变成向左的箭头 ，按住鼠标左键，鼠标指针尾部出现虚线方框，指针前出现一条竖直虚线，然后将鼠标拖动到目标位置，松开鼠标左键即可。

方法 2：使用剪贴板移动文本。选定要移动的文本，将选定的文本移动到剪贴板上（在菜单栏中选择"编辑"→"剪切"选项，或单击工具栏中"剪切"按钮 ），然后将鼠标指针定位到目标位置，从剪贴板复制文本到目标位置（在菜单栏中选择"编辑"→"粘贴"选项，或单击工具栏中"粘贴"按钮 ）。

4. 复制文本

方法 1：使用鼠标拖放复制文本。选定要复制的文本，将鼠标指针指向所选的文本，待鼠标指针变成向左的箭头 ，按住 Ctrl 键的同时，并按住鼠标左键，鼠标指针尾部会出现虚线方框和一个"+"号，指针前出现一条竖直虚线，然后将鼠标拖动到目标位置，松开鼠标左键即可。

方法 2：使用剪贴板复制文本。选定要复制的文本，将选定的文本复制到剪贴板上（在菜单栏中选择"编辑"→"复制"选项，或单击工具栏中"复制"按钮 ），然后将鼠标指针定位到目标位置，从剪贴板复制文本到目标位置（在在菜单栏中选择"编辑"→"粘贴"选项，或单击工具栏中"粘贴"按钮 ）。

Ⅶ. 查找文本

单击菜单栏中"编辑"→"查找"选项，或者使用快捷键 Ctrl+F，弹出"查找和替换"对话框，选择"查找"标签项，如图 3.11 所示，在"查找内容"文本框中输入要查找的文本，然后单击"查找下一处"按钮。

图3.11 "查找和替换"对话框"查找"选项卡

Ⅷ. 替换文本

单击菜单栏中"编辑"→"查找"选项，或者使用快捷键 Ctrl+F，弹出"查找和替换"对话框，选择"替换"标签项，如图 3.12 所示，在"查找内容"文本框内输入要被替换的文字，在"替换为"文本框内输入要替换的文字，点击"全部替换"按钮，可将文档中的要求被替换的内容全部替换，若点击"查找下一处"按钮，可以有选择地替换其中的一部分。全部替换完成后，Word 2003 会提示一共完成了多少处替换。

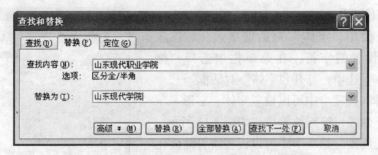

图3.12 "查找和替换"对话框"替换"选项卡

Ⅸ. 撤销与恢复

1. 撤销

方法 1：在菜单栏中选择"编辑"/"撤销键入"选项。

方法 2：单击工具栏中的"撤销"按钮。

2. 恢复

方法 1：在菜单栏中选择"编辑"/"重复键入"选项。

方法 2：单击工具栏中的"恢复键入"按钮。

实验二　Word 2003 文档格式化

一、实验目的

- 掌握 Word 文档中字符格式的设置方法。
- 掌握 Word 文档中段落格式的设置方法。
- 掌握项目符号和编号的方法。
- 掌握分节、分页和分栏的方法。
- 熟悉"格式"工具栏的使用。
- 掌握边框和底纹的设置方法。
- 掌握页眉、页脚的设置与页码编制的方法。

二、实验内容

- 字符格式化。
- 段落格式化。
- 添加项目符号和编号。

- 分节、分页和分栏。
- 边框和底纹。
- 页眉和页脚。
- 页码。

三、实验步骤

Ⅰ.字符格式化

方法1：使用"字体"对话框格式化。选定要进行格式设置的字符，在菜单栏中选择"格式"→"字体"选项，打开"字体"对话框。

在"字体"选项卡中可以设置字体、字形、字号、颜色、下划线、特殊效果等，如图3.13所示。

在"字符间距"选项卡中可以设置字符缩放比例、字符间的距离和字符相对于基准线的位置，如图3.14所示。

在"文字效果"选项卡中可以设置字符的动态效果，如图3.15所示。

图3.13　"字体"对话框的"字体"选项卡

图3.14　"字体"对话框的"字符间距"选项卡

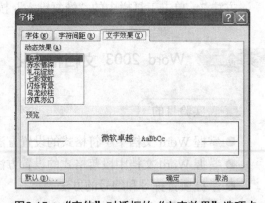

图3.15　"字体"对话框的"文字效果"选项卡

方法2：使用"格式"工具栏格式化。选定要格式化的字符后，单击"格式"工具栏中按钮即可完成字符格式设置，如图3.16所示。

图3.16　"格式"工具栏

Ⅱ.段落格式化

1.段落对齐

方法1：使用"段落"对话框。选定要进行设置的段落，在菜单栏中选择"格式"/"段落"选项，打开"段落"对话框，如图 3.17 所示，选择"缩进和间距"选项卡中的"对齐方式"，可设置段落左对齐、居中、两端对齐等对齐方式。

方法 2：使用"格式"工具栏。选定要进行设置的段落，单击"格式"工具栏上的相应按钮（两端对齐、居中、右对齐、分散对齐），完成段落对齐设置。图 3.18 为段落对齐方式的各种示例。

图3.17 "段落"对话框

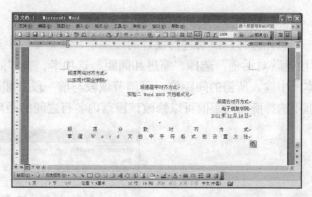

图3.18 段落对齐方式示例

2. 段落缩进

方法 1：使用"段落"对话框设置段落缩进。选定需要设置缩进的段落，在菜单栏中选择"格式"→"段落"选项，打开"段落"对话框，选择"缩进和间距"选项卡，按需要在左、右、悬挂、首行缩进中的某一项里输入具体数值，单击"确定"按钮即可完成段落缩进设置，如图 3.19 所示。

方法 2：使用水平标尺设置段落缩进。将光标移到需要设置缩进的段落中，拖动水平标尺左端的"首行缩进"标记▽，可改变文本段落第一行的左缩进；拖动水平标尺左端的"悬挂缩进"标记△，可改变文本段落中第一行外的其余行的缩进；拖动水平标尺左端的"左缩进"标记□，可改变该段中所有文本的左缩进；拖动水平标尺右边的"右缩进"标记△，可改变该段中所有文本的右缩进。图 3.20 为段落缩进示例，第一段首行缩进两个字符，第二段首行缩进两个字符，左缩进两个字符，右缩进两个字符。

图3.19 "段落"对话框缩进设置

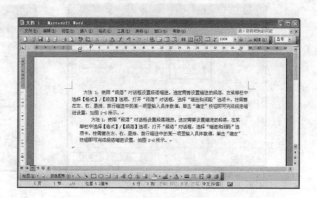

图3.20 段落缩进示例

方法 3：使用"格式"工具栏中的"增加缩进量"或"减少缩进量"按钮设置段落缩进。如图 3.21 所示。

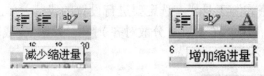

图3.21　"减少缩进量"和"增加缩进量"按钮

3. 段落间距、行间距

将光标移到需要进行设置的段落中，在菜单栏中选择"格式"→"段落"选项，打开"段落"对话框，选择"缩进和间距"选项卡，在"间距"选项的"段前"和"段后"文本框中输入所需的间距值，可调节该段与前一段及和后一段的间距；在"行距"下拉列表框中选择所需间距值可以修改该段落内各行之间的距离，如图 3.22 所示。

图3.22　"段落"对话框设置段落间距、行间距

Ⅲ. 添加项目符号和编号

方法 1：使用"项目符号和编号"对话框。将插入点移动到首行开始的位置，在菜单栏中选择"格式"/"项目符号和编号"选项，打开"项目符号和编号"对话框，选择"项目符号"选项卡或"编号"选项卡，单击"确定"按钮，完成项目符号和编号的设置，如图 3.23 所示。

"项目符号"选项卡　　　　　　　　　　　"编号"选项卡

图3.23　"项目符号和编号"对话框

方法 2：使用"格式"工具栏中的 ▤ 和 ▤ 分别设定简单的项目符号和编号。

Ⅳ. 分节、分页和分栏

1. 分节

将鼠标定位在需要插入分节符的位置，在菜单栏中选择"插入"→"分隔符"选项，弹出如图 3.24 所示的"分隔符"对话框，在"分节符类型"中选择新节开始的位置。

2. 分页

将鼠标插入点移至要分页的位置，在菜单栏中选择"插入"→"分隔符"选项，弹出"分隔符"对话框，在"分隔符类型"中点击"分页符"选项即可在当前插入点的位置开始新的一页，如图 3.25 所示。

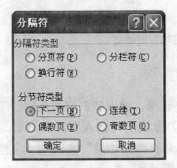 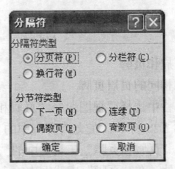

图3.24　"分隔符"对话框"分节符类型"　　图3.25　"分隔符"对话框"分隔符类型"

3. 分栏

选定要进行分栏设置的段落，在菜单栏中选择"格式"→"分栏"选项，打开"分栏"对话框，如图 3.26 所示，在"预设"中，选择分栏的格式；选中"分割线"复选框，可以在各栏之间加入分割线；在"栏数"中可设置需要分栏的数目；在"宽度和间距"中设置每一栏的宽度和间距。

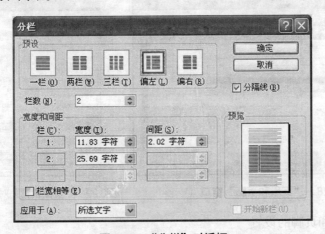

图3.26　"分栏"对话框

Ⅴ. 边框和底纹

选定要添加边框或者底纹的段落，在菜单栏中选择"格式"→"边框和底纹"选项，打开"边框和底纹"对话框，在"边框"选项卡中设置边框的线形、宽度等，在"底纹"选项卡中设定填充底纹的颜色、样式和应用范围等。如图 3.27 所示。

"边框"选项卡　　　　　　　　　　　　　　　"底纹"选项卡

图3.27　"边框和底纹"对话框

Ⅵ．页眉和页脚

1. 添加相同的页眉页脚

在菜单栏中选择"视图"→"页眉和页脚"选项，弹出"页眉和页脚"工具栏，屏幕显示，如图 3.28 所示。在文档窗口中的"页眉"虚线框内输入所需的页眉，页眉添加完毕后，单击"页眉和页脚"工具栏中的"在页眉和页脚间切换"按钮，文档窗口将切换到"页脚"处，在"页脚"虚线框内输入所需页脚。

2. 奇偶页的页眉和页脚设置

在菜单栏中选择"视图"/"页眉和页脚"选项，弹出"页眉和页脚"工具栏，单击工具栏上的"页面设置"按钮，打开"页面设置"对话框，在"板式"选项卡中的"页眉和页脚"中选择"奇偶页不同"复选框，如图 3.29 所示，单击"确定"按钮后，在出现的相应页眉、页脚虚线框内输入不同的内容即可。

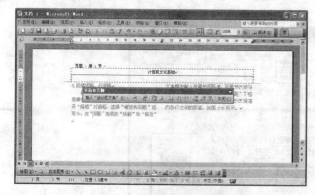

图3.28　"页眉和页脚"窗口　　　**图3.29　"页面设置"对话框"版式"选项卡**

3. 不同页眉和页脚的设置

首先在要设置不同页眉和页脚的两部分之间插入分节符，选择"视图"→"页眉和页脚"选项，若每一节输入的页眉和页脚与前一节相同，则在"页眉和页脚"工具栏中点击"链接到前一个"按钮，若不相同则不选。

Ⅶ．页码

在菜单栏中选择"插入"→"页码"选项，弹出"页码"对话框，在对话框中通过"位

"置"及"对齐方式"下拉选项中,设置页码所在页面的位置及对齐方式,如图3.30所示。

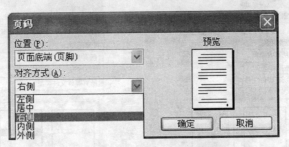

图3.30 "页码"对话框

实验三 插入图形和对象

一、实验目的

● 掌握插入图片及图片格式的设置方法。
● 掌握插入自选图形及自选图形格式的设置方法。
● 掌握插入艺术字、符号、公式等对象的方法。
● 掌握嵌入式和浮动式图片的区别。
● 掌握图形与文字的环绕方式。

二、实验内容

● 插入剪贴画。
● 插入图片。
● 编辑图片。
● 绘制自选图形。
● 插入艺术字、符号、公式等对象的方法。

三、实验步骤

I.插入剪贴画

插入剪切画的步骤如下:

将插入点定位于想插入图片的位置,在菜单栏中选择"插入"→"图片",在级联菜单中选择"剪贴画"选项,或单击"绘图"工具栏上的"插入剪贴画"按钮,弹出"插入剪贴画"窗口,如图3.31所示。在"图片"选项卡的"类别"列表框中选择所需类别,如"边框"。窗口中将出现该类别中的所有的剪贴画,如图3.32所示。这时如果想重新选择其他类别的剪贴画,请单击窗口左上角的"后退"按钮返回上级窗口。在"边框"类别中单击一张剪贴画,在出现的按钮中选择"插入剪辑"按钮,剪贴画即可插入到文档中。

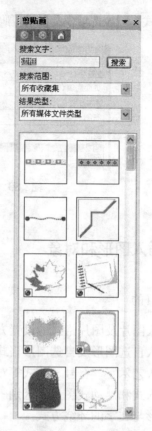

图3.31 插入"剪贴画"窗格　　　　图3.32 边框"剪贴画"窗格

Ⅱ.插入图片

插入图片的步骤如下：

打开"插入"菜单，单击"图片"选项。单击"来自文件"命令，出现"插入图片"对话框，如图 3.33 所示，选择要插入的图片，单击"插入"按钮。

图3.33 "插入图片"对话框

选中一个"图片"，即可插入到文中。单击"图片"工具栏上的"插入图片"按钮，也可以打开"插入图片"对话框。

Ⅲ.编辑图片

插入到文档中的图片对象有两种存在形式：一种是嵌入式对象；另一种是浮动式对象。Word 2003 默认的插入画和图片的形式是嵌入式。

可对插人的对象进行修改、编辑，如调整对象的大小、颜色和线条，设置环绕形式等。选定要编辑的对象，选择"图片"工具栏上合适的选项对对象进行编辑。"图片"工具栏如图 3.34 所示。

图3.34 "图片"工具栏

图像控制：控制图像的色彩。有四个选项：自动、灰黑、黑白、水印。

剪裁：用于剪裁图片。

线型：设置图片边框的线条样式和粗细。

文字环绕：设置图片与文字的相对位置。

图片版式：设置图片的版式。

重设图片：从所选的图片中删除裁剪，并返回初始设置的颜色、亮度和对比度。即撤销对图片的编辑，恢复图片原状。

可对图片进行的操作如下：

➢ 对象的选定：用鼠标单击该对象即可选定，对象周围会出现 8 个小方块，小方块称为图片的控制点。

➢ 对象的移动：单击浮动式对象，按住鼠标左键可以拖放到页面的任意位置。单击嵌入式对象，按住鼠标左键可以拖放到有插入点的任意位置。

➢ 图片大小的调整：单击图片后，图片周围出现 8 个控制点。将鼠标指针移到任意一个控制点上，指针形状变为双箭头，拖动鼠标就可以改变图片的大小。

➢ 对象的复制：有两种方法。一种方法是使用鼠标拖动的方法，就是在用鼠标拖动对象的同时，按住 Ctrl 键就可以实现对象的复制，在鼠标的拖动过程中，鼠标指针的尾部会出现一个"+"号，表示目前正执行复制操作；另一种方法是利用剪贴板，使用"复制"与"粘贴"的方法实现对象的复制。

➢ 对象的删除：对象被选定后，按 Delete 键就可以将其删除。还可以使用"编辑"菜单的"清除"或"剪切"命令。"剪切"图片进入剪贴板，可以将其移动到其他的位置，而"清除"或按 Delete 键删除的图片则被永久删除。

Ⅳ. 绘制自选图形

可以借助 Word 提供的绘图工具绘制一些简单的图形图 3.35。

1."绘图"工具栏

图3.35 "绘图"工具栏

"绘图"工具栏上的 按钮分别用来绘制线段、箭头、矩形和椭圆，屏幕上出现的矩形区域叫绘图画布，此时鼠标指针变成"+"形状，按住左键拖动画出图形。如果要画出正方形或圆形，在拖动鼠标的同时须按住 Shift 键。

绘制自选图形的方法是：

单击"绘图"工具栏上的 右边的箭头，打开"自选图形"下拉菜单，或单击"插入"菜单中的"图片"命令，从其级联菜单中选择"自选图形"命令；图 3.36 所示为自选图形，包括线条、连接符、基本形状、箭头总汇、流程图等八种类别的图形，单击选择所需自选图形。

将鼠标指针移至要插入图片的位置，此时屏幕出现绘图画布，鼠标指针变成"+"形状，拖动鼠标到合适的位置即可。

2. 添加文字

自选图形绘好后，可以在其中添加文字。添加文字的方法是：鼠标右击自选图形，单击"添加文字"命令，此时自选图形相当于一个文本框，可以在其中添加文字，如图 3.37 所示。

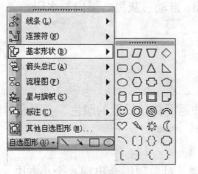

图3.36　自选图形菜单

图3.37　文字

3. 编辑自选图形

如果对绘制的自选图形不满意，还可以对自选图形进行修改、编辑。

可以右击要编辑的自选图形，在弹出的快捷菜单中选择相应命令对自选图形进行编辑，或者使用"绘图"工具栏上的 🖉·✐·A·≡≡≣■🗊 按钮，分别设置自选图形的填充色、线条颜色、字体、线型、阴影和三维效果等格式。

4. 组合和取消组合

如果用户绘制了一个若干个基本图形构成的完整图形，在移动这个图形是往往会发生移动错位，Word 2003 提供的"组合"功能可以将绘制的多个图形组合成一个图形。

组合图形的方法如下：

（1）在绘图画布中，按住鼠标的左键拖动，选中的全部图形就会被框在一个矩形中，或者按住 Shift 键依次单击每个图形，都可以同时选定需要组合的图形。

（2）右击任意一个图形的尺寸控点，从快捷菜单中选择"组合"，再从级联菜单中选择"组合"命令，就可以将所有选中的图形组合成一个图形。组合后的图形就可以作为一个图形对象进行处理。如图 3.38 就是一个由多个基本形状组合而成的流程图，组合后的整个图形只有一组尺寸控点。

应当注意的是，只有浮动式对象才能进行组合。

解散组合图形的工程称为"取消组合"。"取消组合"的方法如下：

右击要解散的图形，在弹出的快捷菜单中选择"组

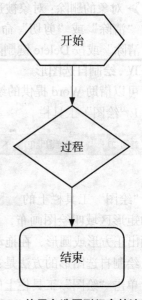

图3.38　使用自选图形组合的流程图

合"命令，从其级联菜单中选择"取消组合"命令即可。

Ⅴ. 插入艺术字、符号、公式等对象的方法

➤ 插入艺术字

艺术字的使用可以使打印出来的文档更加美观。艺术字默认的插入形式是嵌入式。

单击"插入"菜单中的"图片"命令，从其级联菜单中选择"艺术字"命令，打开"艺术字库"对话框，如图 3.39 所示，选择一种艺术字样式，单击"确定"按钮，在弹出的"编辑'艺术字'文字"对话框中，输入要插入的艺术字的内容并设置字体、字号，单击"确定"按钮即可。

图3.39 "艺术字库"对话框

➤ 编辑艺术字

插入艺术字的同时，Word 窗口会出现"艺术字"工具栏。使用"艺术字"工具栏上的各种功能按钮，可以编辑艺术字和设置艺术字效果。

➤ 插入符号

在 Word 需要插入一些特殊的符号时，键盘并不能满足我们的需要。因此 Word 给我们提供了一些符号和特殊符号的插入。如图 3.40、3.41 所示。

图3.40 "符号"对话框

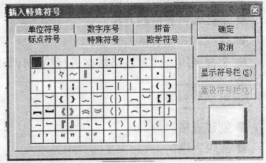

图3.41 "插入特殊符号"对话框

➤ 插入公式

撰写论文、学术报告时，经常要用到数学公式。在用计算机进行文档编辑时，数学公式是比较难处理的，有些数学符号是很难从键盘输入的。为此，Word 提供了数学公式编辑器，用来编辑一些复杂的数学公式

1. 插入数学公式

单击"插于"菜单中的"对象"命令，打开"对象"对话框，如图 3.42 所示，在"对象类型"列表框中选择"Microsoft 公式 3.0"项，单击"确定"按钮，屏幕上弹出"公式"工具栏，该工具栏提供了 19 大类近 300 种数学符号和公式模板供使用。

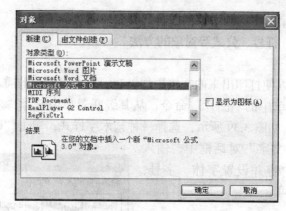

图3.42 插入"对象"对话框

2.修改数学公式

要修改数学公式，首先要进入公式编辑状态。双击要修改的数学公式，即可进入公式编辑窗口，对公式进行编辑和修改。

实验四 表格制作

一、实验目的

● 掌握创建表格的方法。
● 掌握编辑表格的方法。
● 掌握格式化表格的方法。
● 掌握利用公式对表格数据进行简单计算的方法。

二、实验内容

● 创建表格。
● 编辑表格。
● 格式化表格。

三、实验步骤

I.创建表格

1.创建表格

方法1：利用"插入表格"对话框创建表格。在菜单栏中选择"表格"→"插入"选项，在子菜单中选择"表格"选项，打开"插入表格"对话框，如图3.43所示，在"表格尺寸"选项区中填入所需表格的列数与行数，在"自动调整操作"选项区中对表格列宽进行调整，点击"确定"按钮即可完成表格的创建。

方法2：使用工具栏按钮创建表格。单击工具栏上的"插入表格"按钮，在它下方出现一个表格网络的下拉列表，用鼠标左键按住左上角的网格向右下角拖动到需要的行数和列数，松开鼠标左键，即可在文档插入点处插入一个表格，如图3.44所示。

图3.43 "插入表格"对话框

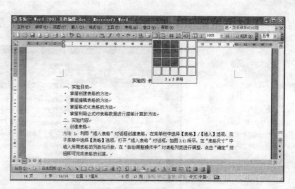

图3.44 "插入表格"按钮

方法3：使用"表格和边框"工具栏创建表格。在菜单栏中选择"表格"→"绘制表格"选项，或单击工具栏中"表格和边框"按钮，打开"表格和边框"工具栏，如图3.45所示，同时鼠标指针变成铅笔的形状，可自由绘制表格。

图3.45 "表格和边框"工具栏

2. 将文本转换成表格

选定需要转换成表格的文本，在菜单栏中选择"表格"→"转换"选项，在子菜单中选择"文本转换成表格"选项，打开"将文字转换成表格"对话框，如图3.46所示，在"文字分隔位置"选项区中，选择文本中使用的分隔符，对话框中就会自动出现合适的列数、行数，单击"确定"按钮，即可将所选定文本转换成表格。

3. 绘制斜线表头

在菜单栏中选择"表格"→"绘制斜线表头"选项，打开"插入斜线表头"对话框，如图3.47所示，在"表头样式"下拉列表中选择表头样式，在"字体大小"中设置表头字体，在右下方输入表头中内容，即可完成一个斜线表头的绘制。

图3.46 "将文字转换成表格"对话框

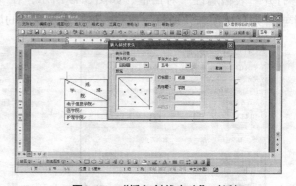

图3.47 "插入斜线表头"对话框

Ⅱ. 编辑表格

1. 表格的选定

方法1：使用菜单栏选定表格。将光标定位在单元格内，在菜单栏中选择"表格"→"选择"选项，在其子菜单中可选取"表格"、"行"、"列"及"单元格"，如图 3.48 所示。

图3.48　"表格"菜单中的"选择"命令

方法 2：使用鼠标选定表格

单元格的选定：将鼠标移到单元格内部的左侧，鼠标指针变成向右的黑色箭头，单击可以选定一个单元格。按住鼠标左键继续拖动可以选定多个单元格形成的矩形块。

表行的选定：鼠标移到页左选定栏，鼠标指针变成向右的箭头，单击可以选定一行，按住鼠标左键向上或向下拖动可以选定多行。

表列的选定：将鼠标移至表格的顶端，鼠标指针变成向下的黑色箭头，在某列上单击可以选定一列，按住鼠标向左或向右拖动可以选定多列。

整表选定：当鼠标指针移向表格内，在表格外的左上角会出现按钮，这个按钮就是全选按钮，单击它可以选定整个表格。

2. 表格高度、宽度的调整

方法 1：使用鼠标调整表格的行高或列宽。将鼠标移到要调整的行高的行线上，鼠标指针变成上下的双向箭头时，按住鼠标左键，行上出现一条虚线，拖放到合适的位置即可。列宽的调整与行高的调整类似，将鼠标移到要调整列宽的列线上，鼠标指针变成左右的双向箭头时，按住鼠标左键，列线上出现一条虚线，拖放到合适位置即可。

方法 2：使用"表格属性对话框"调整。在菜单栏中选择"表格"→"表格属性"选项，打开"表格属性"对话框，如图 3.49 所示，在"表格属性"对话框中选择"行"选项卡或"列"选项卡，即可完成对表格高度及宽度的调整，如图 3.50 所示。

图3.49　"表格属性"对话框

图3.50　"表格属性"对话框"列"选项卡

3. 插入和删除行、列、单元格

➢ 行列的插入

制作完一个表格后，经常会根据需要增加一些内容，如插入整行、整列或单元格等。插入的方法有以下几种：

方法一：

（1）在需要插入新行或新列的位置选定一行（一列）或多行（多列），如果要插入单元格就要先选定单元格。

（2）单击"表格"菜单中的"插入"命令，出现"插入"子菜单，如图 3.51 所示，如果是插入行，可以选择"行（在上方）"或"行（在下方）"命令；如果是插入列，可以选择"列（在左侧）"或"列（在右侧）"命令；如果要插入的是单元格，则选择"单元格"命令，在弹出的"插入单元格"对话框中进行设定，如图 3.52 所示。

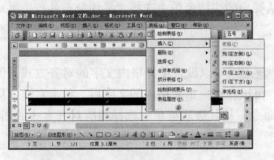
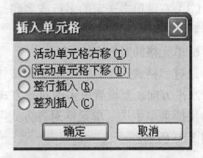

| 图3.51 "插入"子菜单 | 图3.52 "插入单元格"对话框 |

方法二：选定行或列后，单击右键选"插入行（列）"命令来实现。

方法三：如果要在表格末尾插入新行，将插入点移动到表格的最后一个单元格中，然后按 Tab 键，即可在表格的底部添加一行。将插入点移动到表格的最后一行右侧的回车符处，按回车键也可以在表格的底部添加一行。

➢ 行、列的删除

如果某些行（列）需要删除，选定要删除的行或列后，可以通过以下三种方法来实现：

（1）右键单击要删除的行和列，在弹出的快捷菜单中选"删除行（列）"命令。

（2）右键单击要删除的行和列，在弹出的快捷菜单中选"剪切"命令。

（3）插入点定位在要删除的行（列）中，单击"表格"菜单中的"删除"命令，从其级联菜单中选择行（列）命令。如果选择其中的"表格"命令，将删除插入点所在的整个表格。

4. 合并和拆分单元格

在进行表格编辑时，有时需要把多个单元格合并成一个，有时需要把一个单元格拆分成多个单元格，从而适应文档的需要。

➢ 合并单元格

选定需要合并的单元格，使用下列三种方法的任一种：

（1）单击"表格和边框"工具栏上的工具按钮 。

（2）单击"表格"菜单中的"合并单元格"命令。

（3）右键单击选定的单元格，从弹出的快捷菜单中选择"合并单元格"命令。

➤ 拆分单元格

选定需要拆分的单元格，使用下列三种方法的任意一种：

（1）单击"表格和边框"工具栏上的工具按钮 ▦ 。

（2）单击"表格"菜单中的"拆分单元格"命令。

右键单击选定的单元格，从弹出的快捷菜单中选择"拆分单元格"命令。

5. 平均分布各行（列）

选定要进行平均分布的多行（多列），使用下列三种方法的任意一种：

（1）单击"表格和边框"工具栏上的"平均分布各行"按钮 ▦ 。

（2）单击"表格"菜单中的"自动调整"命令，从其级联菜单中选择"平均分布各行
（各列）"命令。

（3）右键单击选定的多行或多列，从弹出的快捷菜单中选择"平均分布各行（平均分
布各列）"命令。

6. 单元格的对齐方式

通过"格式"工具栏上的工具按钮 ▤▤▤▤ 可以设置单元格内文字的对齐方式，但仅
限于水平方向。要设置更多的对齐方式，可以在选定单元格内的文字后，单击右键，从弹
出的快捷菜单中选"单元格对齐方式"命令，从其级联菜单中选择相应对齐方式的图标，
如图 3.53 所示。

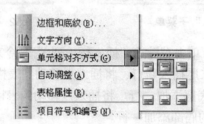

图3.53　单元格对齐方式

Ⅲ . 格式化表格

1. 边框修饰与底纹设置

选择需要进行边框和底纹设置的表格，右键单击选择"边框和底纹"选项，展开边框
和底纹对话框，如图 3.54 所示，即可进行边框和底纹的设置。

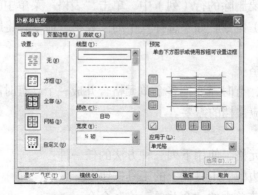

图3.54　"边框和底纹"对话框

2. 表格自动套用格式

Word 2003 提供了"表格自动套用格式"功能，使用该功能可以快速格式化表格，方法如下：

单击表格中的任一单元格，然后单击"表格"菜单中的"表格自动套用格式"命令，打开如图 3.55 所示的对话框。该对话框中列出了 Word 2003 提供的 40 多种表格样式，即可套用所选样式的全部格式，也可套用部分格式，还可以对表格格式进行修改，或者新建体现自我风格的表格样式。

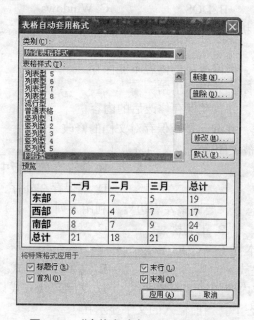

图3.55 "表格自动套用格式"对话框

第2单元 习题部分

一、单项选择题

1. Word 文档扩展名的默认类型是（　　）。

 A. .doc   B. .wrd   C. .dot   D. .txt

2. 中文 Word 编辑软件的运行环境是（　　）。

 A. WPS   B. DOS   C. Windows   D. 高级语言

3. 在 Word 的编辑状态打开一个文档，并对其作了修改，进行"关闭"文档操作后（　　）。

 A. 文档将被关闭，但修改后的内容不能保存

 B. 文档不能被关闭，并提示出错

 C. 文档将被关闭，并自动保存修改后的内容

 D. 将弹出对话框，并询问是否保存对文档的修改

4. 当一个文档窗口被关闭后，该文档将被（　　）。

 A. 保存在外存中   B. 保存在剪贴板中

 C. 保存在内存中   D. 既保存在外存，也保存在内存中

5. 在 Word 编辑状态下，要调整左右边界，利用下列（　　）方法更直接、快捷。

 A. 格式栏   B. 工具栏   C. 菜单   D. 标尺

6. 在 Word 中，文本框（　　）。

 A. 不可与文字叠放   B. 文字环绕方式多于两种

 C. 随着框内文本内容的增多而增大   D. 文字环绕方式只有两种

7. 在 Word 编辑状态下，当前输入的文字显示在（　　）。

 A. 当前行尾部   B. 插入点   C. 文件尾部   D. 鼠标光标处

8. 在 Word 中，要设置字符颜色，应先选定文字，再选择"格式"菜单中的（　　）。

 A. "样式"   B. "字体"   C. "段落"   D. "颜色"

9. 在 Word 中，有关"样式"命令，以下说法中正确的是（　　）。

 A. "样式"命令只适用于纯英文文档   B. "样式"命令在"工具"菜单中

 C. "样式"命令在"格式"菜单中   D. "样式"只适用于文字，不适用于段落

10. 在 Word 的编辑状态下，执行两次"剪切"操作后，则剪贴板中（　　）。

 A. 有两次被剪切的内容   B. 仅有第二次被剪切的内容

 C. 仅有第一次被剪切的内容   D. 无内容

11. 在 Word 的默认状态下，有时会在某些英文文字下方出现红色的波浪线，这表示（　　）。

 A. 语法错误   B. 该文字本身自带下划线

 C. Word 字典中没有该单词   D. 该处有附注

12. 在 Word 中，要调节字符间距，则应该选择（　　）。

 A. "格式"菜单中的"字体"   B. "插入"菜单中的"分隔符"

 C. "格式"菜单中的"段落"   D. "视图"单中的"缩放"

13. 在 Word 中，要改变行间距，则应选择（　　）。

 A. "插入"菜单中的"分隔符"   B. "视图"菜单中的"缩放"

 C. "格式"菜单中的"段落"   D. "格式"菜单中的"字体"

14. 关于 word 中的插入表格命令，下列说法中错误的是（　　）。
    A. 只能是 2 行 3 列　　　　　　　　B. 可以自动套用格式
    C. 行列数可调　　　　　　　　　　D. 能调整行、列宽

15. 下列不能打印输出当前编辑的文档的操作是（　　）。
    A. 单击"常用"工具栏中的"打印"按钮
    B. 单击"文件"菜单下的"打印"选项
    C. 单击"文件"菜单下的"页面设置"选项
    D. 单击"文件"菜单下的"打印预览"选项，再单击工具栏中的"打印"按钮

16. 退出 Word 的正确操作是（　　）。
    A. 单击"文件"菜单中的"关闭"命令
    B. 单击 Word 窗口的最小化按钮
    C. 单击"文件"菜单中的"退出"命令
    D. 单击文档窗口上的关闭窗口按钮

17. 在 Word 的编辑状态下，对当前文档中的文字进行"字数统计"操作，应当使用的菜单是（　　）。
    A. "文件"菜单　　　　　　　　　　B. "编辑"菜单
    C. "视图"菜单　　　　　　　　　　D. "工具"菜单

18. 在 Word 的编辑状态，▨ 按钮表示的含义是（　　）。
    A. 居中对齐　　　B. 右对齐　　　C. 左对齐　　　D. 分散对齐

19. 在 Word 的编辑状态，关于拆分表格，正确的说法是（　　）。
    A. 可以自己设定拆分的行列数　　　B. 只能将表格拆分为左右两部分
    C. 只能将表格拆分为上下两部分　　D. 只能将表格拆分为列

20. 要在 Word 表格的某个单元格中，产生一条或多条斜线表头，应该使用（　　）来实现。
    A. "表格"菜单中的"拆分单元格"命令
    B. "插入"菜单中的"符号"命令
    C. "插入"菜单中的"分隔符"命令
    D. "表格和边框"工具栏中的"绘制斜线表头"命令

21. 在 Word 中无法实现的操作是（　　）。
    A. 在页眉中插入剪贴画　　　　　　B. 建立奇偶页内容不同的页眉
    C. 在页眉中插入分隔符　　　　　　D. 在页眉中插入日期

22. Word 常用工具栏中的"格式刷"可用于复制文本或段落的格式，若要将选中的文本或段落格式重复应用多次，应（　　）。
    A. 单击"格式刷"　　　　　　　　　B. 双击"格式刷"
    C. 右击"格式刷"　　　　　　　　　D. 拖动"格式刷"

23. 在 Word 的（　　）视图方式下，可以显示分页效果。
    A. 主控文档　　　B. 大纲　　　　C. 页面　　　　D. 普通

24. 在 Word 的表格操作中，计算求和的函数是（　　）。
    A. Total　　　　　B. Sum　　　　C. Count　　　D. Average

25. 在 Word 的文档中插入数学公式，在"插入"菜单中应选的命令是（　　）。
    A. 符号　　　　　B. 文件　　　　C. 图片　　　　D. 对象

26. 在 Word 的编辑状态，设置了标尺，可以同时显示水平标尺和垂直标尺的视图方式是（　　　）。

  A. 页面方式　　　　　B. 全屏显示方式　　　C. 大纲方式　　　　　D. 普通方式

27. 在 Word 中，（　　　）用于控制文档在屏幕上的显示大小。

  A. 全屏显示　　　　　B. 页面显示　　　　　C. 缩放显示　　　　　D. 显示比例

28. 在 Word 中，（　　　）的作用是能在屏幕上显示所有文本内容。

  A. 滚动条　　　　　　B. 标尺　　　　　　　C. 控制框　　　　　　D. 最大化按钮

29. 在 Word 中，下列关于标尺的叙述，错误的是（　　　）。

  A. 水平标尺的作用是缩进全文或插入点所在的段落、调整页面的左右边距、改变表的宽度、设置制表符的位置等

  B. 标尺分为水平标尺和垂直标尺

  C. 利用标尺可以对光标进行精确定位

  D. 垂直标尺的作用是缩进全文，改变页面的上、下宽度

30. 下列关于 Word 的叙述中，错误的一条是（　　　）。

  A. 最小化的文档窗口被放置在工作区的底部

  B. 工具栏中的"撤消"按钮可以撤消上一次的操作

  C. 剪贴板中保留的是最后一次剪切的内容

  D. 在普通视图下可以显示用绘图工具绘制图形

31. 在 Word 的编辑状态，连续进行了两次"插入"操作，当单击两次"撤销"按钮后（　　　）。

  A. 两次插入的内容都不被取消　　　　B. 将第一次插入的内容全部取消

  C. 将两次插入的内容全部取消　　　　D. 将第二次插入的内容全部取消

32. 在编辑 Word 文档时，选择某一段文字后，把鼠标指针置于选中文本的任一位置，按鼠标左键拖到另一位置上才放开鼠标。那么，刚才的操作是（　　　）。

  A. 移动文本　　　　　B. 替换文本　　　　　C. 复制文本　　　　　D. 删除文本

33. 在 Word 2003 中编辑 Word 文档时，下列操作错误的是（　　　）。

  A. 只能选定一个图形对象　　　　　　B. 同时选定多个不连续的段落

  C. 选定竖列文本块　　　　　　　　　D. 调整已选定文本块的大小

34. 在 Word 中，下列关于模板的说法中，正确的是（　　　）。

  A. 模板是一种特殊文档，决定着文档的基本结构和样式，作为其他同类文档的模型

  B. 在 Word 中，文档都不是以模板为基础的

  C. 模板不可以创建

  D. 模板的扩展名是 .txt

35. 设定打印纸张大小时，应当使用的命令是（　　　）。

  A. 文件菜单中的"页面设置"命令　　　B. 视图菜单中的"工具栏"命令

  C. 文件菜单中的"打印预览"命令　　　D. 视图菜单中的"页面"命令

36. 在 Word 中，下列不属于文字格式的是（　　　）。

  A. 字号　　　　　　　B. 分栏　　　　　　　C. 字型　　　　　　　D. 字体

37. 在 Word 中查找和替换正文时，若操作错误则（　　　）。

  A. 无可挽回　　　　　　　　　　　　B. 可用"撤销"来恢复

  C. 有时可恢复，有时就无可挽回　　　D. 必须手工恢复

38. 在 Word 中，如果要将文档中的某一个词组全部替换为新词组，应（　　）。

A. 单击"编辑"下拉菜单中的"全选"命令

B. 单击"工具"下拉菜单中的"修订"命令

C. 单击"编辑"下拉菜单中的"替换"命令

D. 单击"编辑"下拉菜单中的"清除"命令

39. 在 Word 编辑状态下，给当前打开的文档加上页码，应使用的菜单项是（　　）。

A. 编辑 　　　　 B. 工具 　　　　 C. 格式 　　　　 D. 插入

40. Word 的"文件"命令菜单底部显示的文件名所对应的文件是（　　）。

A. 当前被操作的文件

B. 当前已经打开的所有文件

C. 最近被操作过的文件

D. 扩展名是 .doc 的所有文件

41. 在 Word 中，如果删除文档中一部分选定的文字的格式设置，可按组合键（　　）。

A. Ctrl + Shift 　　　　　　　　　　 B. Ctrl + Alt + Del

C. Ctrl + F6 　　　　　　　　　　　 D. Ctrl + Shift + Z

42. 在 Word 中，关于表格自动套用格式的用法，以下说法正确的是（　　）。

A. 只能直接用自动套用格式生成表格

B. 每种自动套用的格式已经固定，不能对其进行任何形式的更改

C. 可在生成新表时使用自动套用格式或插入表格的基础上使用自动套用格式

D. 在套用一种格式后，不能再更改为其他格式

43. 在 Word 文档中插入图片后，不可以进行的操作是（　　）。

A. 编辑 　　　　 B. 缩放 　　　　 C. 删除 　　　　 D. 剪裁

44. 在 Word 文档中输入复杂的数学公式，执行（　　）命令。

A. "插入"菜单中的对象 　　　　　 B. "格式"菜单中的样式

C. "插入"菜单中的数字 　　　　　 D. "表格"菜单中的公式

45. 要在 Word 中建一个表格式简历表，最简单的方法是（　　）。

A. 用绘图工具进行绘制

B. 在新建中选择简历向导中的表格型向导

C. 用插入表格的方法

D. 在"表格"菜单中选择表格自动套用格式

46. 在 Word 的编辑状态下，设置了一个由多个行和列组成的空表格，将插入点定在某个单元内，用鼠标单击"表格"命令菜单的的"选定行"命令，再用鼠标单击"表格"命令菜单中的"选定列"命令，则表格中被"选择"的部分是（　　）。

A. 一个单元格 　　　　　　　　　 B. 插入点所在的列

C. 整个表格 　　　　　　　　　　 D. 插入点所在的行

47. Word 中拆分单元格的正确操作是（　　）。

A. 选中要拆分的单元格；选择"窗口→拆分"，按"确定"

B. 选中要拆分的单元格；按 Space 键

C. 选中要拆分的单元格；选择"表格→拆分单元格"；在"拆分单元格"对话框中作相应选择

D. 选中要拆分的单元格；按 Enter 键

48. 在 Word 中，对已有表格右侧增加一列的正确操作是（　　　）。

　　A. 将光标移到表格底行右侧，按 Tab 键

　　B. 选择"表格→选择列"，再选择"表格→插入列"

　　C. 将光标移到表格外右侧，选择"表格→插入"，再选择"列（在右侧）"单击

　　D. 将光标移到表格内右侧，选择"表格→插入列"

49. 在 Word 中，创建表格的正确操作是（　　　）。

　　A. 选定一串文本；选择"表格→插入表格"，在"插入表格"对话框中作相应的选择

　　B. 定位于合适位置，选择"表格→插入表格"，在"插入表格"对话框中作相应的选择

　　C. 选择一串文本；选择"插入→插入表格"，在"插入表格"对话框中作相应的选择

　　D. 定位于合适位置，选择"插入→插入表格"，在"插入表格"对话框中作相应的选择

50. 在下列各种功能中，Word 可以实现的表格功能的有（　　　）。

　　① 可以将一个表格拆分成两个或多个表格

　　② 单元格在水平方向上及垂直方向上都可以合并

　　③ 可以在单元格中插入图形

　　④ 可以在 Word 文档中插入 Excel 电子表格

　　A. ①③　　　　　　　　B. ③④　　　　　　　　C. ②　　　　　　　　D. ①②③④

51. 在 Word 文档中，"插入"菜单中的"书签"命令是用来（　　　）。

　　A. 快速浏览文档　　　　　　　　　　　　B. 快速定位文档

　　C. 快速移动文本　　　　　　　　　　　　D. 快速复制文档

52. 在 Word 中，关于邮件合并的叙述错误的有（　　　）。

　　A. 数据源中的域名不可由用户定义

　　B. 数据源文档也是一个扩展名为 .doc 的 Word 文档

　　C. 主文档与数据源合并后可直接输出到打印机，不保存到文件

　　D. 数据源在数据源文档中以表格形式保存，该表格不能直接用 Word 修改

53. 在 Word 中，关于打印预览，下列说法错误的是（　　　）。

　　A. 在预览状态下可调整视图的显示比例，也可以很清楚地看到该页中的文本排列情况

　　B. 单击工具栏上的"打印预览"按钮，进入预览状态

　　C. 选择"文件"菜单中的"打印预览"命令，可以进入打印预览状态

　　D. 在打印预览时不可以确定预览的页数

54. 打印没有打开的文档，用户可以（　　　）。

　　A. 将文档拖到打印机文件夹中的添加打印机上

　　B. 用右键单击要打印的文档，在弹出的菜单中选择打印即可

　　C. 将文档拖到打印机文件夹中的打印机上

　　D. 先用鼠标左键单击要打印的文档，放开左键，再单击要使用的打印机

参考答案：

1-5 ACDAD	6-10 CBBCA	11-15 ACCAC
16-20 CDCAD	21-25 CBABD	26-30 ADADD
31-35 CAAAA	36-40 BBCDC	41-45 DCAAB
46-50 CCCBD	51-54 BADC	

二、上机操作题

1. 操作内容

（1）输入以下内容（段首暂不要空格），并在 D 盘上新建一文件夹，以 W1.DOC 为文件名（保存类型为"word 文档"）保存在新建文件夹中，然后关闭该文档。

wordStar（简称为 WS）是一个较早产生并已十分普及的文字处理系统，风行于 20 世纪 80 年代，汉化的ＷＳ在我国曾非常流行。1989 年香港金山电脑公司推出的 WPS（word Processing System），是完全针对汉字处理重新开发设计的，在当时我国的软件市场上独占鳌头。

随着 Windows95 中文版的问世，Office95 中文版也同时发布，但 word95 存在着在其环境下可存的文件不能在 word6.0 下打开的问题，降低了人们对其使用的热情。新推出的 word97 不但很好地解决了这个问题，而且还适应信息时代的发展，增加了许多新功能。

（2）打开所建立的 W1.DOC 文件，在文本的最前面插入一行标题：文字处理软件的发展，然后在文本的最后另起一段，输入以下内容，并保存文件：

1990 年 Microsoft 推出的 Windows3.0，是一种全新的图形化用户界面的操作环境，受到软件开发者的青睐，英文版的 word for Windows 因此诞生。1993 年，Microsoft 推出 word5.0 的中文版，1995 年，word6.0 的中文版问世。

（3）使"1989……占鳌头。"另起一段；将正文第三段最后一句"……增加了许多新功能。"改为"……增加了许多全新的功能。"；将最后两段正文互换位置；然后在文本的最后另起一段，复制标题以下的四段正文。

（4）将后四段文本中所有的"Microsoft"替换为"微软公司"，并利用拼写检查功能检查所输入的英文单词有否拼写错误，如果存在拼写错误，请将其改正。

（5）以不同的显示方式显示文档。

（6）将文档以同名文件另存到我的文档。

2. 操作内容

（1）常用的图文混排知识练习。

（2）通过题目给定要求完成图中内容的排版。

幽默爱情电荷心

文/段代洪

> 康君在校时暗恋上了后排那位清秀的长发女孩，却一直苦于没有合适的机会表现。一次考试英语，
>
> 荔项。考试的时候，康君次向女孩展示答案。在两位监考教师的动作终于引起了他们的"兴趣"："立即
>
> 机会来了，英语是女孩的豪情万丈
>
> 地转过头来，数眼皮底下，他过于夸张的退出考场，成绩记零分。"
>
> "我真不明白，你想让她看什么？"直到康君站在 教务处主任 面前时，仍被一种"英雄救美"的悲壮所感动着。但主任的下一句话却把他的兴奋打到了爪生国"你是 A 卷，她是 B 卷，题根本不一样！"

要求：按以上内容输入汉字，并编辑排版出以上效果。

① 标题是红色四号楷体字且加粗、居中；

② 正文是小四号仿宋体字，首行缩进两个字；

③ 首字下沉三行；

④ 文中"豪情万丈"位置提升 12 磅；

⑤ 文中"我真不明白，你想让她看什么"加橙色双下划线；

⑥ 文中"教务处主任"加边框和底纹；

⑦ 文中"英雄救美"加着重号；

⑧ 文中的图片可从剪贴画中任选一幅，要求图片与文字"四周型环绕"，

⑨ 整段文字加外边框。

（3）创业成功的六条原理。

密歇根州立大学的一项研究发现了六条指导创业成功的原理

原理 1. 反复构造图景

原理 2. 抓住连续的机会成功

原理 3. 放弃自主独断

原理 4. 成为你竞争对手的恶梦

原理 5. 培育创业精神

原理 6. 靠团队配合而势不可挡

　　随着公司的发展和雇员人数的增多，一天接一天的日常工作会使人们看不到公司的主要目标。通过鼓励和协助团队合作，雇员把自己放在正确的努力方向上。需要不断剪裁调整团队，如规模、职责范围和它的组成等来适应眼下特定的情境。

　　把培训雇员的概念延展为横向培训。使雇员们熟悉公司、公司中其他人在做什么。这能够帮助雇员们看到他们在更大的情景中自己所适宜的地方。利用团队去减少扯皮，用团队去建立相互尊重，把团队建成一个人，给团队以反馈来证明你对团队的重视。

【操作注意事项】

① 将文中的项目编号为四边形项目编号。

② 文中最后两段的字体设置为小五楷体，并加粗显示。

③ 为文中倒数第二段设置 10% 的绿色底纹。

3. 操作内容

（1）表格的制作方法练习。

（2）表格的排版方式练习。

（3）通过以下两个练习学习表格的制作方法。

个人简历

姓名		性别		照片
学历		政治面貌		
专业		英语水平		
联系电话				
特长				
获奖情况				

课程表

节次　星期	周一	周二	周三	周四	周五
上午					
6-8					
晚自习					

【操作注意事项】

（1）数清表格的行数和列数后再进行表格的插入。

（2）个人简历表可在表格中使用绘制表格工具进行表格线的绘制，也可以使用橡皮擦工具进行多余边线的擦除。

（3）课程表中的斜线表头可使用绘制表头工具进行绘制，也可手工绘制后将表格中的内容分为上下两段，上段执行右对齐，下段执行左对齐的方式来绘制。

（4）加边框或底纹时注意选择的对象（是单元格还是整个表格）。

4. 操作内容

（1）通过以下练习熟悉 word 排版方法。

我能想到最浪漫的事

　　我不是个太浪漫的人，但今天冷不丁跌落在时光的隧道里，试图去回忆去展望我能想到的，最浪漫的事。

　　5 岁：玩伴小胖拉着我到院中央的水盆前说："妹妹，我送你个大月亮。"当空明月倒映在水盆里，像个嫩黄的月饼。

　　10 岁：和一群死小子满身泥泞混战之后，小胖帮我抢回了风车，风车不会转了，我却破涕为笑。

姓名＼科目	计算机	大学英语	高等数学	中医发展史	总评成绩
张三	88	78	80	90	336
李四	98	82	72	89	341
王五	78	79	85	83	325
平均分	88	79.67	79	87.33	✕

要求：按以上内容输入汉字，绘制表格，并编辑排版出以上效果。

其中：

（1）以上效果的页面为 18 cm×25 cm，所有边距均为 1.5 cm；

（2）标题是小三号黑体字且居中；

（3）文字是小四号仿宋体字；

（4）文字中"妹妹，我送你个大月亮"加下划线；

（5）文字中"最浪漫的事"加着重号；

（6）文字中的图片可从剪贴画中任选一幅，要求图片作成与文字大小一样的"水印"；

（7）表格中的"科目"、"姓名"是小五号幼圆体（或楷体）字，其余均为小四号幼圆体（或楷体）且居中；

（8）计算并填写表格中每一栏的"平均分"和每一行的"总评成绩"（求和）。

第四章

电子表格系统
Excel 2003

本章重点

- ★ 工作表的编辑
- ★ 公式与函数的使用
- ★ 图表的创建
- ★ 数据清单管理

第1单元　实验部分

实验一 〉 工作表的基本操作

一、实验目的

- 掌握 Excel 工作簿的建立、保存与打开。
- 掌握工作表中数据的输入、编辑和修改。
- 掌握工作表的插入、复制、移动、删除和重命名。
- 掌握表格格式化。

二、实验内容

数据输入与表格设置

（1）在 sheet 1 工作表内输入下表中第 1、2 行数据（表头和表名），将工作簿以"职员登记表"的文件名保存在"我的文档"中。

表 4.1　职员登记表

职员登记表					
工号	姓名	性别	出生日期	部门	工资
0100	刘瑞	女	1974-8-19	产品开发部	2800
0101	汪汉有	男	1980-2-15	人力资源部	2100
0102	胡一刀	男	1976-4-26	产品开发部	3100
0103	马萍	女	1970-10-20	财务部	1850
0104	唐晓燕	女	1983-12-1	市场部	1500

（2）在表格第一行第一个单元格中输入数字文本"0100"。

（3）利用自动填充功能输入第一列的其他数据。

（4）输入表中剩余数据。

（5）设置单元格，标题字体 18 号，合并居中、黑体，底纹灰色 25%，表格字体 12 号、宋体，首行加粗，出生日期左对齐，其余全部居中。

（6）工资列设置为货币格式，使用货币符号￥，保留两位小数。出生日期列设置日期格式"一九七八年五月六日"。

（7）设置表格边框线，表格外边框双实线、内边框细实线。

（8）将工作表命名为"职员登记表"。

三、实验步骤

1. 职员登记表的创建和保存

（1）启动 Excel。

（2）单击 A1 输入"职员登记表"，如图 4.1 所示。

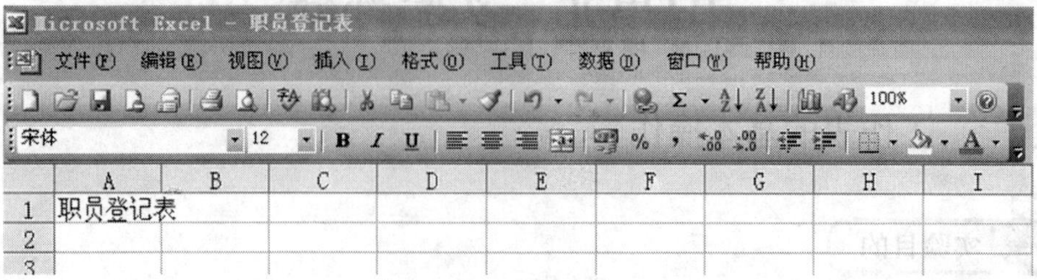

图4.1　职员登记表窗口

（3）单击 A2 单元格，输入"工号"；依次单击 B2、C2、D2、E2 和 F2 单元格，输入"姓名"、"性别"、"出生日期"、"部门"和"工资"，如图 4.2 所示。

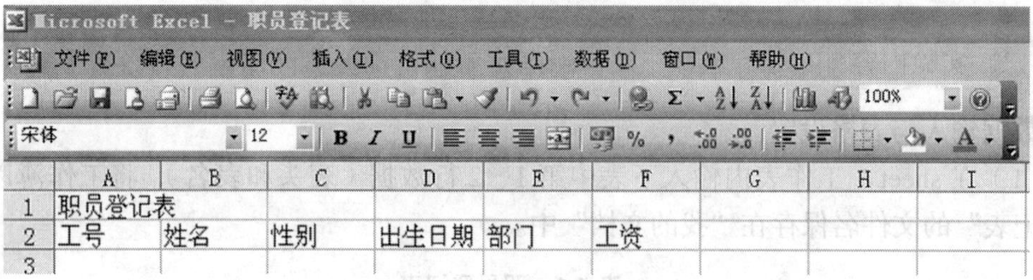

图4.2　职员登记表窗口

（4）点保存■按钮，在弹出的对话框文件名项目中输入"职员登记表"，单击"保存"如图 4.3 所示。

图4.3　"另存为"对话框

2. 输入以"0"开头的数据的方法

单击第 A3 单元格，首先输入英文符号单引号"'"，然后输入"0100"。

3. 利用自动填充功能输入第一列的其他数据

单击 A3 单元格，然后移动鼠标至 A3 的右下角，出现黑色实心的"十"字手柄，拖拽至 A7 单元格后松开，如图 4.4 所示。

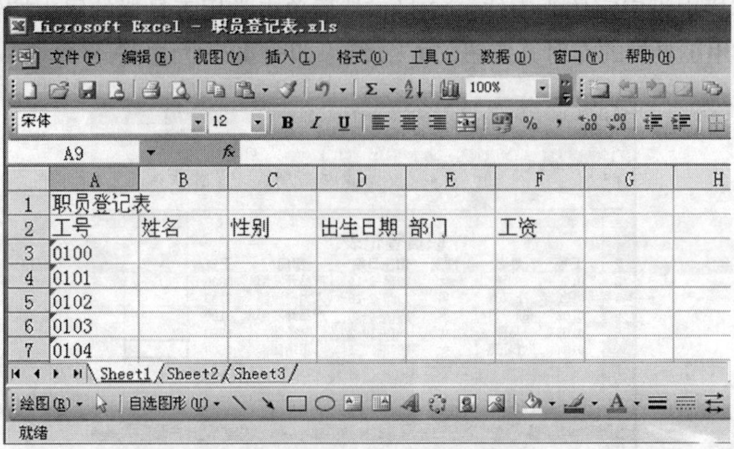

图4.4　职员登记表窗口

4. 依次输入表 4.1 职员登记表中的其他数据，如图 4.5 所示。

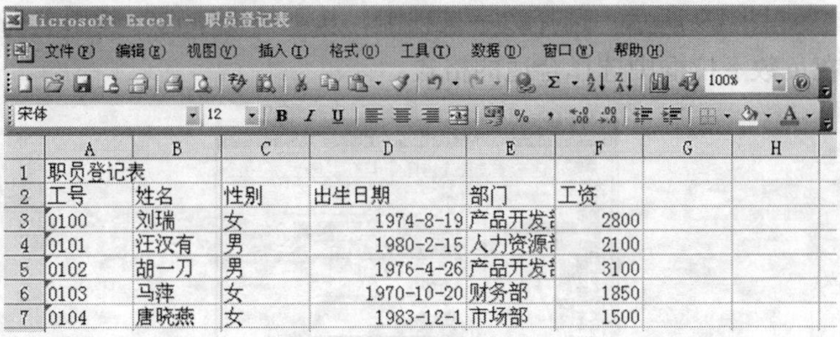

图4.5　职员登记表窗口

5. 单击 A1 并拖拽至 F1 再松开，选中 A1：F1 单元格区域，点击工具栏上的合并表格按钮。在工具栏中设定标题"职员登记表"字体为黑体，字号 18，然后右击该单元格，选定"设置单元格格式"，打开图 4.6 单元格格式对话框，选择"图案"选项卡，选择 25% 灰色，单击"确定"，效果如图 4.7 所示。

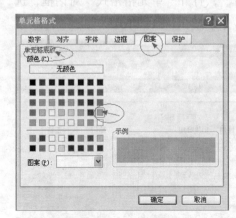

图4.6　单元格格式对话框

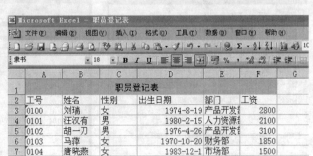

图4.7　职员登记表窗口

选定 A2:F2 单元格区域，单击常用工具栏的加粗按钮"**B**"，再选定 A2：F7 单元格区域，在工具栏中设定字体为宋体，12 号，然后单击常用工具栏的居中按钮"≡"；选定 D 列，单击常用工具栏的左对齐按钮"≡"；结果如图 4.8 所示。

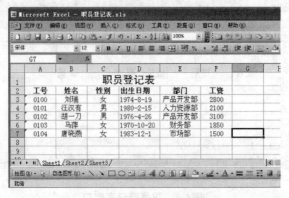

图4.8　职员登记表窗口

6. 选定职员登记表中的 F 列，右击该区域，选择"设置单元格格式"，打开"单元格格式"对话框，如图 4.9 所示，选择数字选项卡，从下拉框中选择货币，在小数位数下拉框中输入 2，在负数下拉框中选择合适的格式。

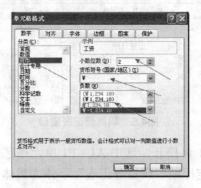

图4.9　"单元格格式"对话框

选定 D 列，右击该区域，选择"设置单元格格式"，打开"单元格格式"对话框，选择数字选项卡，从下拉框中选择日期，单击"确定"，效果如图 4.11 所示。

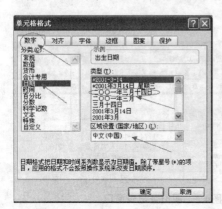

图4.10　单元格格式对话框

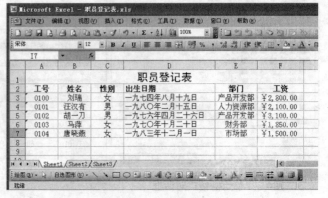

图4.11　职员登记表窗口

7. 在职员登记表中选定 A1：F7 区域，单击"格式"菜单，选择"单元格格式"命令，打开"单元格格式"对话框，选择"边框"选项卡。选择线条的类型为双实线，再选择外边框，设置外边框为双实线。选择线条的类型为细实线，再选择内部，设置内边框为细实线。结果如图 4.13 所示。

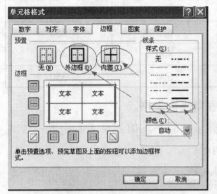

图4.12　单元格格式对话框

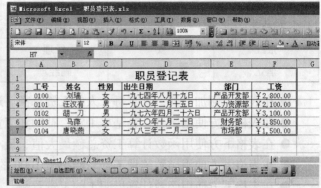

图4.13　职员登记表窗口

8. 如图 4.14 工作表重命名窗口所示，右击 Sheet1，选择"重命名"，在工作表重命名窗口中输入"职员登记表"，按下 Enter 键，结果如图 4.15 所示。最后，单击工具栏上的保存按钮 ，将上述修改内容保存下来，如图 4.16 所示。

图4.14　工作表重命名窗口

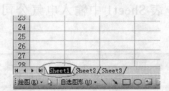

图4.15　工作表重命名窗口

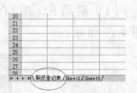

图4.16　工作表重命名窗口

实验二　公式和函数的使用

一、实验目的

● 掌握公式和函数使用。
● 掌握工作表数据的自定义格式化。
● 掌握工作表数据的自动格式化。

二、实验内容

● 在 Sheet 1 工作表内输入下表中电气公司人员工资表的数据，将工作簿命名为"练习5"保存在 D 盘中名为"计算机文化"的文件夹中。将数值部分设定为货币形式，无货币符号，两位小数。

表 4.2　电气公司人员工资表

电气公司人员工资表				
姓名	性别	职务	基本工资	补助
赵山本	男	主任	950	400
黄华	男	经理	1050	650
何晓丽	女	助理	650	250
张红	女	经理	800	400
李立	男	副经理	600	350

● 在表格右侧加一列，计算每个人的工资总额。适当修饰表格。
● 在表格下方使用函数计算基本工资、补助和工资总额的平均值。
● 在表格下方使用函数计算工资总额最大值、最小值。
● 在表格下方使用函数统计工资总额小于 1000 的人数。
● 在表格下方使用函数计算男职工的工资总额。
● 按每个员工的工资总额降序排列工资表。

三、实验步骤

1. 输入电气公司人员工资表数据并保存

（1）启动 Excel，在工作表 Sheet1 中输入电气公司人员工资表中的数据，结果如图 4.17 所示。

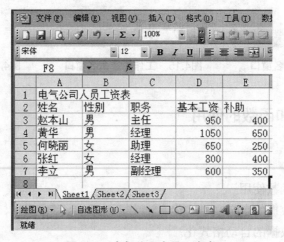

图4.17　电气公司人员工资表

（2）单击"保存"按钮或"文件"菜单，选择"保存"或"另存为"，在弹出的对话框中进行设置，单击"打开"，弹出另存为对话框，单击"保存"，如图 4.18、图 4.19 所示。

 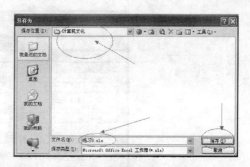

图4.18 选择"计算机文化"　　　　　　　　图4.19 "另存为"对话框

2. 计算工资总额

（1）选定表格中的 D3：E7 数据区域，右击，选择"设置单元格格式"，打开"单元格格式"对话框进行设置，如图 4.20 所示。

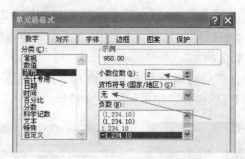

图4.20 "单元格格式"对话框

（2）单击 F2 单元格，输入"工资总额"。

（3）单击 F3 单元格，在编辑栏中输入"=sum（D3:E3）"后，键入 Enter 键，求工资总额，窗口如图 4.21 所示。

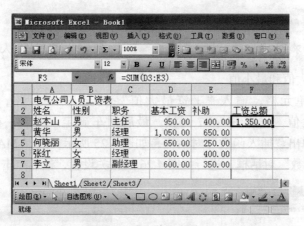

图4.21 求工资总额窗口

（4）单击 F3 单元格，然后将鼠标移至单元格右下角，直至出现实心的十字图标，按住鼠标左键下拉至 F7 后松开。选定 A1：F7 单元格区域，给该区域利用边框线按钮□·添加边框田；选定 A1：F1 单元格区域，单击合并单元格按钮；选定 A2：F7 单元格区域，单击按钮设置数据对齐方式为居中，结果如图 4.22 所示。

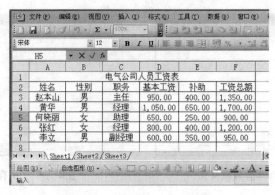

图4.22　电气公司人员工资表

3. 计算工资平均值

（1）单击 A8 单元格，输入"平均值"，单击 D8 单元格，在编辑栏中输入 "=AVERAGE（D3：D7）"，键入 Enter 键，求平均值窗口如图 4.23 所示。或者，单击 D8 单元格，单击 Σ· 右边的下拉按钮，选择"平均值"选项，再选中 D3：D7 单元格区域，键入 Enter 键，结果如图 4.23 所示。

（2）单击 D8 单元格，然后将鼠标移至单元格右下角，直至出现实心的"十"字图标，按住鼠标左键下拉至 F8 后松开，结果如图 4.24 所示。

图4.23　求平均值窗口

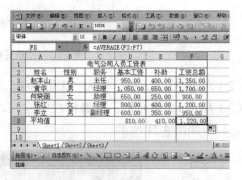

图4.24　电气公司人员工资表

4. 计算工资最大值和最小值

（1）单击 A9 单元格，输入"工资最大值"；单击 F9 单元格，然后单击 Σ· 的下拉按钮，点击最大值，选定 F3：F7 区域，最后回车确定。或者，在菜单栏选择"插入"→"函数"，弹出"插入函数"对话框，如图 4.25 所示，选择 MAX 函数，单击"确定"。打开"函数参数"对话框，进行如图 4.26 的相关设置，最后点击"确定"。

图4.25　"插入函数"对话框

图4.26　"函数参数"对话框

（2）单击 A10 单元格，输入“工资最小值”；单击 F10 单元格，然后单击Σ·的下拉按钮，点击最小值，选定 F3：F7 区域，最后按回车确定。或者，在菜单栏选择“插入”→“函数”，选择 MIN 函数，选择 NUMBER1，选定 F3：F7 区域，最后确定，结果如图 4.27 求最大值和最小值窗口所示。

	A	B	C	D	E	F
1	电气公司人员工资表					
2	姓名	性别	职务	基本工资	补助	工资总额
3	赵本山	男	主任	950.00	400.00	1,350.00
4	黄华	男	经理	1,050.00	650.00	1,700.00
5	何晓丽	女	助理	650.00	250.00	900.00
6	张红	女	经理	800.00	400.00	1,200.00
7	李立	男	副经理	600.00	350.00	950.00
8	平均值			810.00	410.00	1,220.00
9	工资最大值					1,700.00
10	工资最小值					900.00

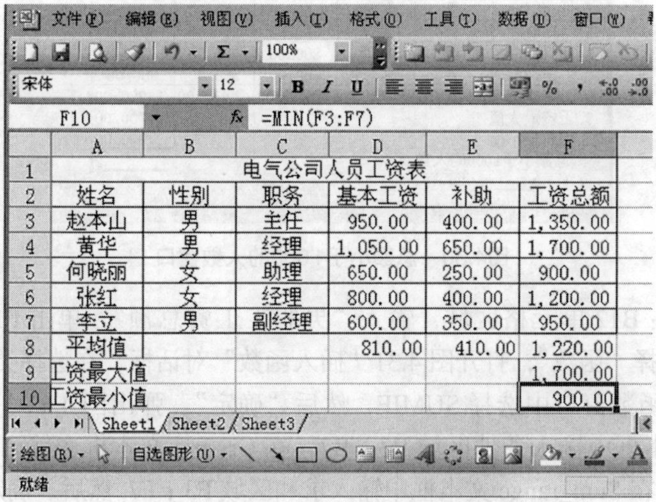

图4.27 求最大值和最小值窗口

5. 合并 A11：B11 单元格区域，输入“总额小于 1000 的人数”。单击 F11 单元格，单击“插入”菜单，选择“函数”，打开“插入函数”对话框，如图 4.28 所示，在选择类别下拉框中选择“统计”，在选择函数窗口中选择 COUNTIF，然后“确定”。弹出图 4.29“函数参数”对话框，在 Range 文本框中输入要统计的区域 F3：F7，在 Criteria 文本框中输入条件“<1000”，然后点击“确定”，在 F11 中显示结果为 2，总额小于 1000 的人数窗口如图 4.30 所示。

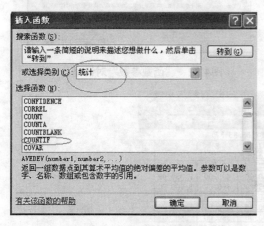

图4.28 “插入”对话框

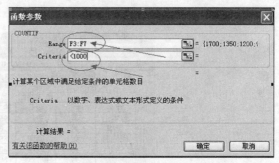

图4.29 “函数参数”对话框

图4.30　总额小于1000的人数窗口

6. 合并 A12∶B12 单元格区域，输入"男职工工资总额"。单击 F12 单元格，单击"插入"菜单，选择"函数"，打开图4.31"插入函数"对话框，在选择类别下拉框中选择"全部"，在选择函数窗口中选择 SUMIF，然后"确定"。弹出图4.32"函数参数"对话框，在 Range 文本框中输入条件区域 B3∶B7，在 Criteria 文本框中输入条件"男"或者选择 B3 单元格，在 Sum_range 文本框中输入求和区域 F3∶F7，然后"确定"，在 F12 中显示结果为4000，求男职工工资总额窗口如图4.33所示。

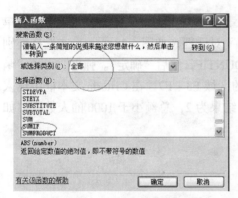

图4.31　"插入函数"对话框

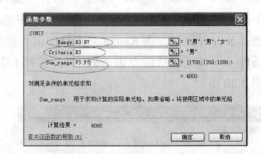

图4.32　"函数参数"对话框

图4.33　求男职工工资总额窗口

7.数据排序

选定 A2：F7 单元格区域，单击菜单栏"数据"，选择"排序"，弹出"排序"对话框，在主要关键字选择"工资总额"、"降序"，最后单击"确定"，得到如图 4.34 排序窗口所示的结果。

图4.34　"排序"对话框

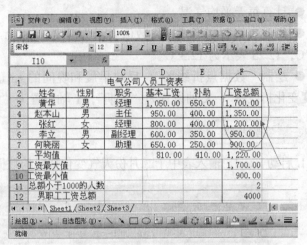

图4.35　排序窗口

实验三　图表的基本操作

一、实验目的

● 掌握嵌入图表和独立图表的创建。
● 掌握图表的整体编辑
● 掌握图表中各对象的编辑。
● 掌握图表的格式化

二、实验内容

● 在 Sheet 1 工作表内输入如下数据，在 D 盘中建立名为"Excel 学习"的文件夹，将工作簿命名为"天气情况"保存在该文件夹中。

表 4.3　十二月份天气情况变化表

十二月份天气变化情况								
时间	1 号	2 号	3 号	4 号	5 号	6 号	7 号	8 号
早晨	10	10	9	9	7	6	9	8
上午	13	14	12	12	11	5	12	12
下午	15	16	15	14	12	11	14	14
晚间	8	9	8	7	6	5	6	6
平均气温								

● 修饰表格，外框为粗实线，内框为细实线，标题18号、隶书、背景浅蓝色，其他文字14号，楷体，数值部分宋体。

● 将工作表重命名为"天气情况"。

● 计算每天平均气温。

● 修改表格数字形式，将数值表示为温度单位值，保留一位小数。例如：12表示为12.0℃，12.25表示为12.3℃。

● 绘制"数据点折线图"，反映早晨和晚间的天气变化情况。要求设置图表标题为"温度变化折线图"，X轴设置为"日期"，Y轴设置为"温度"。

三、实验步骤

1. 启动Excel，输入表中十二月份天气变化情况的数据，如图4.36所示。

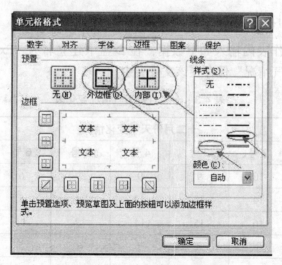

图4.36　天气情况变化表窗口

2. 天气情况变化表格式化。

（1）选定A1:I7单元格区域，单击"格式"菜单，选择"单元格格式"命令，打开"单元格格式"对话框，如图4.37所示选择"边框"选项卡。选择线条的类型为粗实线，再选择外边框，设置外边框为粗实线。选择线条的类型为细实线，再选择内部，设置内边框为细实线，最后选择"确定"即可。

图4.37　"单元格格式"对话框

（2）选定 A1 : I1 单元格区域，单击常用工具栏 圃 按钮合并居中，设定字体为 18 号、隶书；单击常用工具栏的 👋· 按钮，填充浅蓝色；选定表格其他区域，设定字体为 14 号楷体，数值部分为宋体，如图 4.38 所示。

	A	B	C	D	E	F	G	H	I
1	十二月份天气变化情况								
2	时间	1号	2号	3号	4号	5号	6号	7号	8号
3	早晨	10	10	9	9	7	6	9	8
4	上午	13	14	12	12	11	5	12	12
5	下午	15	16	15	14	12	11	14	14
6	晚间	8	9	8	7	6	5	6	6
7	平均气温								
8									

图4.38 天气情况变化表格式化后的窗口

3. 双击或右击工作表 Sheet1，选择"重命名"，输入"天气情况"，键入 Enter 键。

4. 选中 B7 单元格，单击常用工具栏的 Σ· 按钮，选择平均值，再选定 B3 : B6 区域，键入 Enter 键；然后再次选定 B7 单元格，按住鼠标左键不放，移动至该单元格的右下角至出现实心的十字，然后拖拽至 I7 单元格后松开，结果如图 4.39 所示。

	A	B	C	D	E	F	G	H	I
1	十二月份天气变化情况								
2	时间	1号	2号	3号	4号	5号	6号	7号	8号
3	早晨	10	10	9	9	7	6	9	8
4	上午	13	14	12	12	11	5	12	12
5	下午	15	16	15	14	12	11	14	14
6	晚间	8	9	8	7	6	5	6	6
7	平均气温	11.5	12.25	11	10.5	9	6.75	10.25	10

图4.39 平均气温窗口

5. 插入摄氏度符号（℃）

（1）选定表外的任一空白单元格，单击菜单栏的"插入"，选择"特殊符号"命令，打开"插入特殊符号"窗口，如图 4.40 所示，找到摄氏度符号（℃），单击"确定"，即可插入到单元格中，然后复制（Ctrl+C）摄氏度符号。

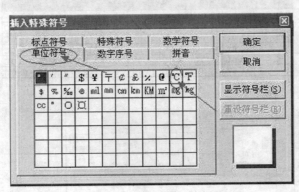

图4.40 "插入特殊符号"对话框

（2）选定表中的数值区域，单击右键，选择设置单元格格式，打开"单元格格式"

对话框，如图 4.41 所示在数字选项卡中，选中"自定义"，然后在类型中选"0.00"，在示例中去掉一个 0，粘贴 (Ctrl+V) "℃"，最后单击"确定"，得到如图 4.42 所示的结果。

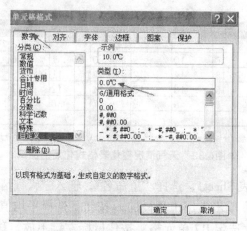

图4.41　"单元格格式"对话框

单击下一步，在弹出的对话框中，输入图表标题为"温度变化折线图"，X 轴设置为"日期"，Y 轴设置为"温度"，如图 4.42 所示。

时间	1号	2号	3号	4号	5号	6号	7号	8号
早晨	10.0℃	10.0℃	9.0℃	9.0℃	7.0℃	6.0℃	9.0℃	8.0℃
上午	13.0℃	14.0℃	12.0℃	12.0℃	11.0℃	5.0℃	12.0℃	12.0℃
下午	15.0℃	16.0℃	15.0℃	14.0℃	12.0℃	11.0℃	14.0℃	14.0℃
晚间	8.0℃	9.0℃	8.0℃	7.0℃	6.0℃	5.0℃	6.0℃	6.0℃
平均气温	11.5℃	12.3℃	11.0℃	10.5℃	9.0℃	6.8℃	10.3℃	10.0℃

图4.42

6. 插入图表项

（1）单击"插入"菜单，选择"图表"项，选择"折线图"，如图 4.43 所示。

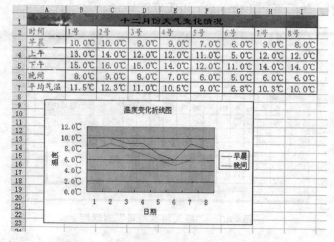

图4.43　图表向导—4步骤之1—图表类型

（2）单击"下一步"，打开如图 4.44 所示的"源数据"窗口，进行相关设置。选择系列产生在"行"，在天气情况工作表中选择数据区域，先选择第 3 行，同时按下 Ctrl 键，再选择第 6 行。

（3）单击"下一步"，弹出如图 4.45 所示选项。输入图表标题为"温度变化折线图"，X 轴设置为"日期"，Y 轴设置为"温度"。

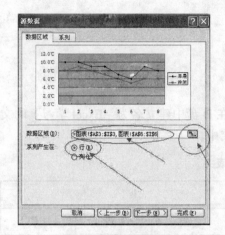

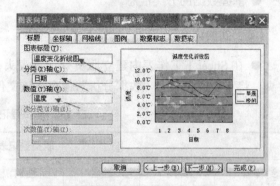

图4.44　源数据窗口　　　　　　　　图4.45　图表向导—4步骤之3—图表选项

（4）单击"下一步"，弹出如图 4.46 所示窗口，选择"作为其中的对象插入 Sheet1，最后单击"完成"，结果如图 4.47 所示。

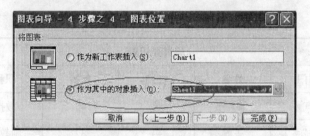

图4.46　图表向导—4步骤之4—图表位置

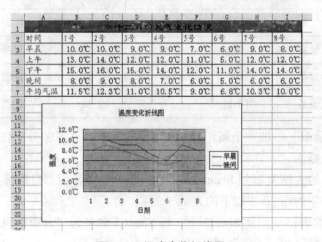

图4.47　温度变化折线图

实验四　数据管理与分析

一、实验目的

- 掌握数据清单的排序。
- 掌握数据清单的筛选。
- 掌握数据的分类汇总。

二、实验内容

● 在 Sheet 1 工作表内建立职员登记表表头，在 D 盘中建立名为"Excel 学习"的文件夹，将工作簿命名为"数据分析"保存在该文件夹中。

表 4.4　职员登记表表头

职员登记表						
工号	部门	姓名	性别	年龄	职称	工资

● 设置数据有效性，将"年龄"列设置为介于 18 ~ 75 的整数，如果输入数据不符合要求则停止操作并弹出"输入年龄错误！"的警告信息。

● 在表格中输入职员登记表中的数据，检验数据有效性是否可用。

表 4.5　职员登记表

职员登记表						
工号	部门	姓名	性别	年龄	职称	工资
0168	电气系	张大伟	男	45	教授	3500
0169	机械系	王峰	男	32	副教授	2600
0170	管理系	胡平	女	28	讲师	2000
0171	电气系	李丽娟	女	22	助教	1500
0172	机械系	王怀志	男	29	讲师	2100
0173	管理系	刘萍	女	22	助教	1450
0174	电子系	唐小妍	女	20	助教	1560

● 利用"记录单"添加一个新纪录：0175、电气系、马华、男、41、副教授、2680，完成后适当修饰表格。

● 将 Sheet 1 的表格复制到 Sheet 2 中，将 Sheet 2 命名为"自动筛选"。利用"自动筛选"功能筛选出年龄在 30 岁以下的人。

6. 将 Sheet 1 的表格复制到 Sheet3 中，将 Sheet 3 命名为"分类汇总"，以"部门"为分类字段，将"年龄"和"工资"进行"均值"的分类汇总。

三、实验步骤

1. 启动 Excel，在 Sheet 1 中输入表 4.4 职员登记表中的数据，得到结果如图 4.48 所示，并保存在 D 盘"Excel 学习"文件中。

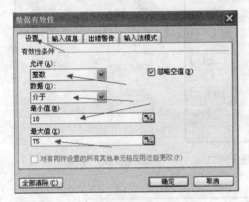

图4.48　职员登记表表头

2. 选定 E 列，单击菜单栏的"数据"，选择"有效性"，打开"数据有效性"窗口，如图 4.49 所示，点击设置选项卡，进行如图 4.49 的设置，点击出错警告选项卡，进行如图 4.50 数据有效性设置，最后单击"确定"按钮。

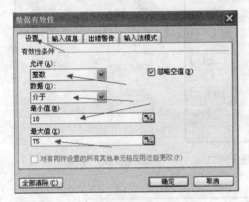
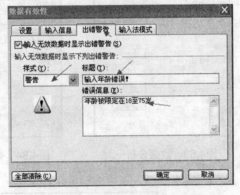

图4.49　　"数据有效性"选项卡　　　　　图4.50　　"数据有效性"对话框

3. 在工作表 Sheet1 中输入中的数据，得到职员登记表的结果，如图 4.51 所示。注意输入工号时，要先输入英文半角下的单引号。在 E10 这个单元格中输入 17 时弹出如图 4.52 所示的提示窗口，单击"重试"，重新输入在有效值范围之内的数据。

职员登记表

工号	部门	姓名	性别	年龄	职称	工资
0168	电气系	张大伟	男	45	教授	3500
0169	机械系	王峰	男	32	副教授	2600
0170	管理系	胡平	女	28	讲师	2000
0171	电气系	李丽娟	女	22	助教	1500
0172	机械系	王怀志	男	29	讲师	2100
0173	管理系	刘萍	女	22	助教	1450
0174	电子系	唐小研	女	20	助教	1560

图4.51　职员登记表

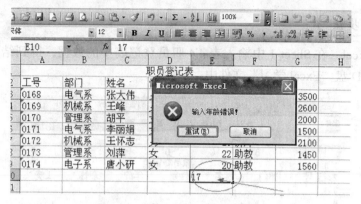

图4.52 数据有效性验证窗口

4. 选定 A9 单元格，单击菜单栏的"数据"，选择"记录单"，弹出图 4.53 数据分析对话框，单击"新建"，在图 4.54 数据分析对话框中依次输入：0175、电气系、马华、男、41、副教授、2680，如图 4.55 所示，最后单击"关闭"。对工作表 Sheet1 中数据区域进行适当修饰（加边框、修改字体为仿宋），结果如图 4.56 所示。

图4.53 数据分析一

图4.54 数据分析二

图4.55 数据分析三

工号	部门	姓名	性别	年龄	职称	工资
\multicolumn{7}{c}{职员登记表}
0168	电气系	张大伟	男	45	教授	3500
0169	机械系	王峰	男	32	副教授	2600
0170	管理系	胡平	女	28	讲师	2000
0171	电气系	李丽娟	女	22	助教	1500
0172	机械系	王怀志	男	29	讲师	2100
0173	管理系	刘萍	女	22	助教	1450
0174	电子系	唐小研	女	20	助教	1560
0175	电气系	马华	男	41	副教授	2680

图4.56 职员登记表

5. 自动筛选

（1）单击表中任一单元格，按 Ctrl+A 全选，然后复制（Ctrl+C），单击 Sheet 2，然后粘贴（Ctrl+V）。右击工作表标签"Sheet2"如图 4.57 职员登记表窗口所示，选择"重命名"，进行输入"自动筛选"，键入 Enter 键，得到如图 4.58 所示的结果。

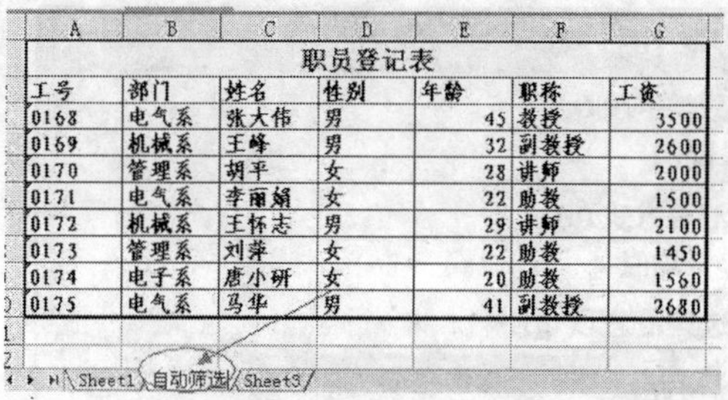

图4.57　职员登记表

图4.58　职员登记表

（2）选定 E2：E10 区域，单击菜单栏"数据"，选择"筛选"下级菜单中的"自动筛选"，效果如图 4.59 所示，表格中每个字段右侧出现了下拉按钮。点击年龄字段右侧的下拉按钮，选择自定义，在弹出图 4.60 自定义自动筛选方式对话框中，进行如图 4.60 的设置，最后单击"确定"，得到如图 4.61 所示的结果。

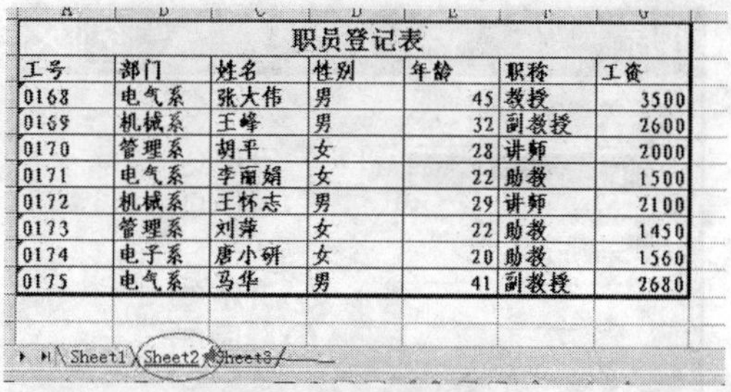

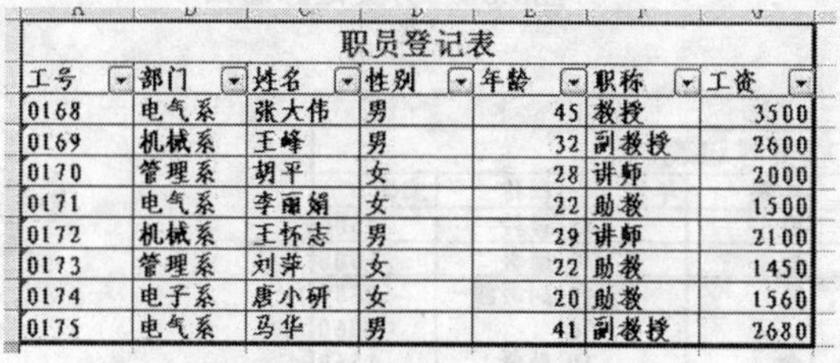

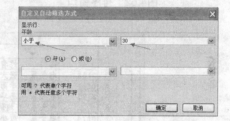

图4.59　职员登记表窗口

图4.60　自定义自动筛选方式

图4.61　职员登记表窗口

6. 分类汇总

（1）单击工作表 Sheet1 中任一单元格，按 Ctrl+A 全选，然后复制（Ctrl+C），单击 Sheet 3，然后粘贴（Ctrl+V）。右击工作表标签"Sheet3"，选择"重命名"，进行输入"分类汇总"。

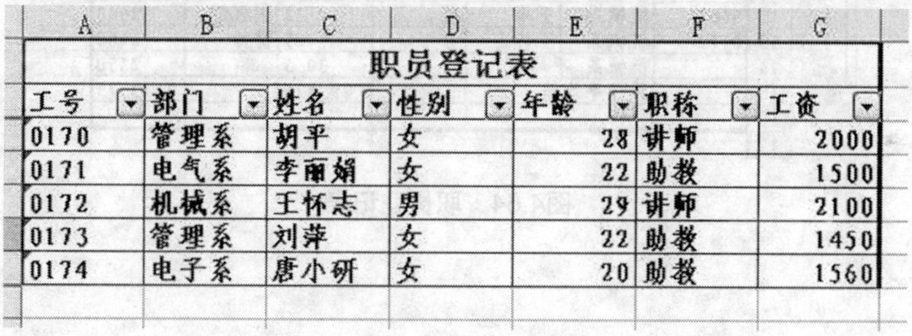

（2）选择 A2：G10 单元格区域，单击"数据"菜单，选择"排序"命令，弹出图 4.62 排序窗口，选择部门为主要关键字，单击"确定"。

（3）单击"数据"菜单，选择"分类汇总"命令，弹出"分类汇总"窗口，如图 4.63 所示，分类字段选择部门，汇总方式选择平均值，选定汇总项为年龄和工资，单击"确定"，得到如图 4.64 所示的结果。

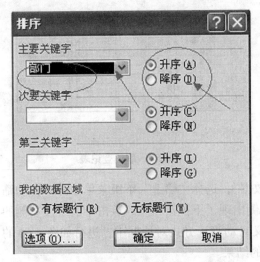

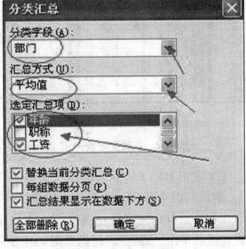

图4.62　排序窗口　　　　　　　　　图4.63　分类汇总窗口

1 2 3		A	B	C	D	E	F	G	H
	1			职员登记表					
	2	工号	部门	姓名	性别	年龄	职称	工资	
	3	0168	电气系	张大伟	男	45	教授	3500	
	4	0171	电气系	李丽娟	女	22	助教	1500	
	5	0175	电气系	马华	男	41	副教授	2680	
	6		电气系 平均值			36		2560	
	7	0174	电子系	唐小妍	女	20	助教	1560	
	8		电子系 平均值			20		1560	
	9	0170	管理系	胡平	女	28	讲师	2000	
	10	0173	管理系	刘萍	女	22	助教	1450	
	11		管理系 平均值			25		1725	
	12	0169	机械系	王峰	男	32	副教授	2600	
	13	0172	机械系	王怀志	男	29	讲师	2100	
	14		机械系 平均值			30.5		2350	
	15		总计平均值			29.875		2173.75	
	16								
	17								

图4.64　职员登记表

第2单元 习题部分

一、单选题

1. 在 Excel 2003 中，图表中的大多数图表项（　　　）。
   A. 固定不动　　　　　　　　　　　B. 不能被移动或调整大小
   C. 可被移动或调整大小　　　　　　D. 可被移动，但不能调整大小

2. 在 Excel 2003 中，删除工作表中对图表有链接的数据时，图表中将（　　　）。
   A. 自动删除相应的数据点　　　　　B. 必须用编辑删除相应的数据点
   C. 不会发生变化　　　　　　　　　D. 被复制

3. 在 Excel 2003 中，数据标示被分组成数据系列，然后每个数据系列由（　　　）颜色或图案（或两者）来区分。
   A. 任意　　　　　B. 两个　　　　　C. 三个　　　　　D. 唯一的

4. 在工作表中选定生成图表用的数据区域后，不能用（　　　）插入图表。
   A. 单击工具栏的"图表向导"工具按钮　B. 选择快捷菜单的"插入…"命令
   C. 选择"插入"菜单的"图表"命　　　D. 按 F11 功能键

5. 利用 Execl 2003，不能用（　　　）的方法建立图表。
   A. 在工作表中插入或嵌入图表　　　B. 添加图表工作表
   C. 从非相邻选定区域建立图表　　　D. 建立数据库

6. 在工作表中，插入图表最主要的作用是（　　　）。
   A. 更精确地表示数据　　　　　　　B. 使工作表显得更美观
   C. 更直观地表示数据　　　　　　　D. 减少文件占用的磁盘空间

7. Excel 2003 是属于下列软件中（　　　）的一部分。
   A. Windows 2003　　　　　　　　　B. Microsoft Office 2003
   C. UCDOS　　　　　　　　　　　　D. FrontPage 2003

8. Excel 2003 广泛应用于（　　　）。
   A. 统计分析、财务管理分析、股票分析和经济、行政管理等各个方面
   B. 工业设计、机械制造、建筑工程
   C. 美术设计、装潢、图片制作等各个方面
   D. 多媒体制作

9. Excel 2003 的三个主要功能是：（　　　）、图表、数据库。
   A. 电子表格　　　　　　　　　　　B. 文字输入
   C. 公式计算　　　　　　　　　　　D. 公式输入

10. 关于 Excel 2003，在下列选项中，错误的说法是（　　　）。
    A. Excel 是表格处理软件
    B. Excel 不具有数据库管理能力
    C. Excel 具有报表编辑、分析数据、图表处理、连接及合并等能力
    D. 在 Excel 中可以利用宏功能简化操作

11. 关于启动 Excel 2003，下面说法错误的是（　　）。

    A. 单击 Office 2003 快捷工具栏上的"Excel"图标

    B. 通过 Windows 的"开始"→"程序"选择"Microsoft Excel"选项启动

    C. 通过"开始"中的"运行"，运行相应的程序启动 Excel 2003

    D. 上面三项都不能启动 Excel 2003

12. 退出 Excel 2003 软件的方法正确的是（　　）。

    A. 单击 Excel 控制菜单图标　　　　　　B. 单击主菜单"文件"→"退出"

    C. 使用最小化按钮　　　　　　　　　　D. 单击主菜单"文件"→"关闭文件"

13. Excel 2003 应用程序窗口最下面一行称作状态栏，当输入数据时，状态栏显示（　　）。

    A. 就绪　　　　　　B. 输入　　　　　　C. 编辑　　　　　　D. 等待

14. 一个 Excel 2003 文档对应一个（　　）。

    A. 工作簿　　　　　B. 工作表　　　　　C. 单元格　　　　　D. 一行

15. Excel 2003 环境中，用来储存并处理工作表数据的文件，称为（　　）。

    A. 单元格　　　　　B. 工作区　　　　　C. 工作簿　　　　　D. 工作表

16. Excel 2003 工作簿文件的默认扩展名是（　　）。

    A. .dot　　　　　　B. .doc　　　　　　C. .exl　　　　　　D. .xls

17. Excel 将工作簿的工作表的名称放置在（　　）。

    A. 标题栏　　　　　B. 标签行　　　　　C. 工具栏　　　　　D. 信息行

18. 首次进入 Excel 2003 打开的第一个工作簿的名称默认为（　　）。

    A. 文档1　　　　　B. Book1　　　　　C. Sheet1　　　　　D. 未命名

19. 以下关于 Excel 2003 的叙述中，（　　）是正确的。

    A. Excel 将工作簿的每一张工作表分别作为一个文件来保存

    B. Excel 允许同时打开多个工作簿文件进行处理

    C. Excel 的图表必须与生成该图表的有关数据处于同一张工作表上

    D. Excel 工作表的名称由文件决定

20. 在 Excel 2003 中我们直接处理的对象称为工作表，若干工作表的集合称为（　　）。

    A. 工作簿　　　　　B. 文件　　　　　　C. 字段　　　　　　D. 活动工作簿

21. Excel 2003 的一个工作簿文件中最多可以包含（　　）个工作表。

    A. 31　　　　　　　B. 63　　　　　　　C. 127　　　　　　　D. 255

22. 关于工作表名称的描述，正确的是（　　）。

    A. 工作表名不能与工作簿名相同

    B. 同一工作簿中不能有相同名字的工作表

    C. 工作表名不能使用汉字

    D. 工作表名称的默认扩展名是 .xls

23. 在 Excel 2003 中要选定一张工作表，操作是（　　）。

    A. 选"窗口"菜单中该工作簿名称

    B. 用鼠标单击该工作表标签

    C. 在名称框中输入该工作表的名称

D. 用鼠标将该工作表拖放到最左边

24. 在 Excel 2003 工作薄中同时选择多个不相邻的工作表，可以按住（　　　　）键的同时依次单击各个工作表的标签。

    A. Ctrl   B. Alt   C. Shift   D. Esc

25. 在 Excel 2003 中电子表格是一种（　　　　）维的表格。

    A. 一   B. 二   C. 三   D. 多

26. Excel 2003 工作表中的行和列数最多可有（　　　　）。

    A. 256 行、360 列   B. 65 536 行、256 列

    C. 100 行、100 列   D. 200 行、200 列

27. Excel 工作表的最左上角的单元格的地址是（　　　　）。

    A. AA   B. 11   C. 1A   D. A1

28. 在 Excel 单元格内输入计算公式时，应在表达式前加一前缀字符（　　　　）。

    A. 左圆括号 "（"   B. 等号 "="

    C. 美圆号 "$"   D. 单撇号 " ' "

29. 在 Excel 单元格内输入计算公式后按回车键，单元格内显示的是（　　　　）。

    A. 计算公式   B. 公式的计算结果

    C. 空白   D. 等号 "="

30. 在单元格中输入数字字符串 00080（邮政编码）时，应输入（　　　　）。

    A. 80   B. "00080   C. '00080   D. 00080'

31. 在 Excel 2003 中，若要对某工作表重新命名，可以采用（　　　　）。

    A. 单击工作表标签   B. 双击工作表标签

    C. 单击表格标题行   D. 双击表格标题行

32. Excel 2003 中的工作表是由行、列组成的表格，表中的每一格叫（　　　　）。

    A. 窗口格   B. 子表格   C. 单元格   D. 工作格

33. 在 Excel 2003 中，下面关于单元格的叙述正确的是（　　　　）。

    A. A4 表示第 4 列第 1 行的单元格

    B. 在编辑的过程中，单元格地址在不同的环境中会有所变化

    C. 工作表中每个长方形的表格称为单元格

    D. 为了区分不同工作表中相同地址的单元格地址，可以在单元格前加上工作表的名称，中间用 "#" 分隔

34. 在 Excel 2003 的工作表中，以下操作不能实现的是（　　　　）。

    A. 调整单元格高度   B. 插入单元格

    C. 合并单元格   D. 拆分单元格

35. 在 Excel 2003 的工作表中，有关单元格的描述，下列正确的是（　　　　）。

    A. 单元格的高度和宽度不能调整

    B. 同一列单元格的宽度不必相同

    C. 同一行单元格的高度必须相同

    D. 单元格不能有底纹

36. 在 Excel 2003 中单元格地址是指（　　　　）。
    A. 每一个单元格　　　　　　　　　　B. 每一个单元格的大小
    C. 单元格所在的工作表　　　　　　　D. 单元格在工作表中的位置

37. 在 Excel 2003 中将单元格变为活动单元格的操作是（　　　　）。
    A. 用鼠标单击该单元格
    B. 在当前单元格内键入该目标单元格地址
    C. 将鼠标指针指向该单元格
    D. 没必要，因为每一个单元格都是活动的

38. 在 Excel 2003 中活动单元格是指（　　　）的单元格。
    A. 正在处理　　　　　　　　　　　　B. 每一个都是活动
    C. 能被移动　　　　　　　　　　　　D. 能进行公式计算

39. 向 Excel 2003 工作表的任一单元格输入内容后，都必须确认后才认可。确认的方法不正确的是（　　　）。
    A. 按光标移动键　　　　　　　　　　B. 按回车键
    C. 单击另一单元格　　　　　　　　　D. 双击该单元格

40. 若在工作表中选取一组单元格，则其中活动单元格的数目是（　　　　）。
    A. 一行单元格　　　　　　　　　　　B. 一个单元格
    C. 一列单元格　　　　　　　　　　　D. 等于被选中的单元格数目

参考答案：

| 1-5 CADBC | 6-10 CBAAB | 11-15 DBBAC | 16-20 DBBBA |
| 21-25 DBBAB | 26-30 BDBBC | 31-35 BCCDC | 36-40 DAADB |

二、操作题

（一）

> ●注意：全文内容、位置不得随意变动，否则后果自负；红框之内的文字不得做任何修改，否则后果自负。
>
> 1. 将表格第二列（"行业名称"这一列）中的文字居中。（"各行业平均就业增长量"这一行除外）
> 2. 用公式求出"各行业平均就业增长量"填入相应的单元格内。
> 3. 将每个行业的所有信息按"就业增长量"从低到高的顺序排序（"各行业平均就业增长量"除外）。
> 4. 将表格第一列（"序号"这一列）中的数字颜色设为红色。
> 5. 将表格线改为蓝色。
> 6. 删除工作表 Sheet4。

我国加入 WTO 以后各行业就业增长量预测表

序号	行业名称	就业增长量（万人）
1	食品加工业	16.8
2	服务业	266.4
3	建筑业	92.8
4	服装业	261
5	纺织业	282.5
6	IT 业	210.6
各行业平均就业增长量		

（二）

●注意：全文内容、位置不得随意变动，否则后果自负；红框之内的文字不得做任何修改，否则后果自负。
1. 将表格标题"高一（5）班期中成绩统计表"的文字字号设为 16，加粗。
2. 用公式求出每位学生的总分填入相应的单元格内。
3. 将学生的所有信息按"语文"成绩从低到高排序。
4. 将表格中"序号"这一列里的所有数字用红色表示。
5. 将表格线改为蓝色。
6. 删除工作表 Sheet4。

高一（5）班期中成绩统计表

序号	姓名	语文	数学	外语	政治	物理	化学	地理	信息技术	总分
1	丁杰	60	55	75	63	72	68	74	83	
2	丁喜莲	88	92	91	86	90	96	76	98	
3	公霞	73	66	92	87	86	76	82	90	
4	郭德杰	90	84	82	87	77	92	84	91	
5	李冬梅	82	84	77	89	84	90	88	85	
6	李静	72	81	89	89	69	82	88	90	

（三）

●注意：全文内容、位置不得随意变动，否则后果自负；红框之内的文字不得做任何修改，否则后果自负。

1. 将标题行"职工工资表"（A10：G10）合并居中，并将格式设为黑体，字号20。

2. 在"路程"与"沈梅"之间插入一条记录，数据为：刘怡、F、230.60、100.00、0.00、15.86。

3. 用公式求出实发工资（实发工资 = 基本工资 + 奖金 + 补贴 - 房租）。

4. 将所有性别为M的改为M，F改为F。

5. 将工作表Sheet2重命名为"工资表"，并复制职工工资表到该工作表A2：G16区域。

6. 在工作表"工资表"中以"姓名"和"实发工资"为数据区建立一个柱形图表，刻度最大值为1500，主要单位为150，图表位置放在A17：J35区域内。

职工工资表						
姓名	性别	基本工资	奖金	补贴	房租	实发工资
刘惠民	M	315.32	253.00	100.00	20.15	
李宁宁	F	285.12	230.00	100.00	18.00	
张鑫	M	490.34	300.00	200.00	15.00	
路程	M	200.76	100.00	0.00	22.00	
沈梅		580.00	320.00	300.00	10.00	
高兴	M	390.78	240.00	150.00	20.00	
王陈	M	500.60	258.00	200.00	15.00	
陈岚	F	300.80	230.00	100.00	10.34	
周媛	F	450.36	280.00	200.00	15.57	
王国强	M	200.45	100.00	0.00	18.38	
刘倩如	F	280.45	220.00	80.00	18.69	
陈雪如	F	360.30	240.00	100.00	22.00	
赵英英	F	612.60	450.00	300.00	20.00	

（四）

●注意：全文内容、位置不得随意变动，否则后果自负；红框之内的文字不得做任何修改，否则后果自负。

1. 将标题"期末成绩表"改为"部分同学期末成绩表"，并加下划线。

2. 将表中的"英语"栏目中的数据设置为"蓝色"，居中显示。

3. 删除单元格E19，同时使"下方单元格上移"。

4. 用公式求出每一个同学的总分（总分 = 语文 + 数学 + 英语 + 物理 + 化学）。

5. 按姓名的笔划进行升序排列（提示：试试排序对话框的"选项"按钮）。

6. 给整个表格加上蓝色细实线作为表格线，标题除外。

期末成绩表						
姓名	语文	数学	英语	物理	化学	总分
张元斌	55	67	88	76	66	
齐观铭	77	76	78	66	70	
茹芸	60	56	84	66	67	
陈宇宙	78	73	60	65	75	
李光祖	69	77	76	62	76	
任美琴	80	62	98	77	56	
陈国芬	85	74	86	59	76	
许静	80	76	83	74	68	
应强国	87	88	67	70	84	
周亚军	56	44	67	79	57	

（五）

●注意：全文内容、位置不得随意变动，否则后果自负；红框之内的文字不得做任何修改，否则后果自负。

1. 将标题改为红色楷体 16 号字，标题行行高设为 30。

2. 将歌手编号用 001，002，…，010 来表示，并居中。（提示：把格式设为文本）

3. 求出每位选手的平均得分（保留两位小数）。

4. 按得分从高到底将各歌手的所有信息排序，并将名次填入相应单元格。

5. 将得分最高的前 3 名的所有信息用红色表示。

6. 给整个表格加上蓝色细实线作为表格线，标题除外。

青年歌手大奖赛得分统计表								
歌手编号	1号评委	2号评委	3号评委	4号评委	5号评委	6号评委	平均得分	名次
1	9.00	8.80	8.90	8.40	8.20	8.90		
2	5.80	6.80	5.90	6.00	6.90	6.40		
3	8.00	7.50	7.30	7.40	7.90	8.00		
4	8.60	8.20	8.90	9.00	7.90	8.50		

青年歌手大奖赛得分统计表								
歌手编号	1号评委	2号评委	3号评委	4号评委	5号评委	6号评委	平均得分	名次
5	8.20	8.10	8.80	8.90	8.40	8.50		
6	8.00	7.60	7.80	7.50	7.90	8.00		
7	9.00	9.20	8.50	8.70	8.90	9.10		
8	9.60	9.50	9.40	8.90	8.80	9.50		
9	9.20	9.00	8.70	8.30	9.00	9.10		
10	8.80	8.60	8.90	8.80	9.00	8.40		

（六）

●注意：全文内容、位置不得随意变动，否则后果自负；红框之内的文字不得做任何修改，否则后果自负。

1. 将 A10 : D10 单元格合并并居中。

2. 计算出每一种商品的价值（价值 = 单价 * 数量），填入相应的单元格中。

3. 将"单价"栏中的数据设置为货币样式，并将列宽设定为 20。

4. 将工作表"Sheet1"改名为"统计表"。

5. 将 A11 : D11 单元格中的数据设置为蓝色、黑体、24 号字。

6. 按商品名称的拼音字母顺序进行升序排列，并按商品名称对数量进行分类汇总求和。

部分商品统计表			
商品名称	单价	数量	价值
电饭锅	135.00	31	
高压锅	65.00	22	
气压热水瓶	32.00	32	
气压热水瓶	36.00	12	
电饭锅	158.00	25	
高压锅	48.00	32	
气压热水瓶	35.00	26	
高压锅	58.00	43	
电饭锅	138.00	15	
高压锅	75.00	55	

第五章

演示文稿软件
PowerPoint 2003

★ 掌握启动和退出 PowerPoint 2003 的各种操作方法

★ 掌握创建演示文稿的各种方法，以及演示文稿的打开、保存和关闭方法

★ 掌握演示文稿的各种视图和视图中窗格的作用和使用方法

★ 掌握使用 PowerPoint 创建、组织和编辑幻灯片的各种方法

★ 掌握 PowerPoint 提供的用于制作幻灯片的文本格式、插入对象、组织结构图、幻灯片格式管理等各种功能

★ 掌握 PowerPoint 提供的统一幻灯片的功能，包括幻灯片的版式、设计模板和配色方案

★ 掌握演示文稿的播放和打包，以及网上发布等操作技能

第1单元 实验部分

实验一 Microsoft PowerPoint启动和退出

一、实验目的

● 熟练掌握 PowerPoint 2003 的启动。
● 熟练掌握 PowerPoint 2003 的退出。
● 练习 PowerPoint 2003 界面中工具栏的显示和隐藏。
● 练习移动工具栏，调整屏幕的布局。

二、实验内容

● PowerPoint 2003 的启动。
● PowerPoint 2003 的退出。
● 工具栏的显示和隐藏。
● 移动工具栏。

三、实验步骤

I．PowerPoint 2003 的启动

方法 1：在"开始"菜单中启动 PowerPoint 2003。

单击"开始"按钮，指向"所有程序"中的"Microsoft Office"，然后选择"Microsoft Office PowerPoint 2003"，启动 PowerPoint 2003，如图 5.1 所示。

图5.1 启动Power Point 2003

方法 2：利用快捷方式启动 PowerPoint 2003。

若桌面上有 PowerPoint 2003 的快捷图标，则双击该图标即可启动 PowerPoint 2003，打开 PowerPoint 窗口，并在窗口中弹出一个 PowerPoint 启动对话框，如图 5.2 所示。

该对话框提供制作演示文稿的 4 种方法，选择建立"空演示文稿"，单击"确定"按钮。出现新幻灯片对话框，单击"确定"按钮，出现如图 5.3 所示界面。

图5.2　利用快捷方式打开幻灯片

图5.3　PowerPoint窗口

方法 3：打开任意一个 PowerPoint 文档即可启动 PowerPoint 2003。

Ⅱ. PowerPoint 2003 的退出

退出 PowerPoint 常用的方法有 4 种：

方法 1：在 PowerPoint 2003 菜单栏中选择"文件"菜单中的"退出"命令。

方法 2：单击 PowerPoint 2003 标题栏右上角的"关闭"按钮。

方法 3：双击 PowerPoint 2003 标题栏左上角的控制菜单按钮。

方法 4：按 Alt+F4 键。

Ⅲ. 工具栏的显示和隐藏

方法 1：在 PowerPoint 主菜单中选择"视图"菜单中的"工具栏"命令，在子菜单中选择"常用"、"格式"、"绘图"等工具栏。再次选择可以隐藏工具栏。

方法 2：右击 PowerPoint 菜单栏的空白处，弹出快捷菜单，选择所需要的工具栏，如图 5.4 所示。再次选择可以隐藏工具栏。

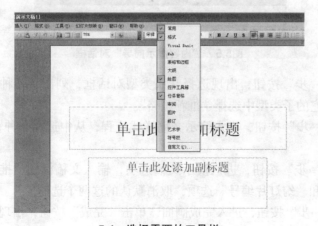

5.4　选择需要的工具栏

Ⅳ . 移动工具栏

将鼠标指针指向工具栏的最左边，指针变为十字形状，按住鼠标左键拖动即可。

实验二　使用内容提示向导建立演示文稿

一、实验目的

● 练习使用内容提示向导建立演示文稿的基本步骤，并练习保存演示文稿。
● 在 PowerPoint 中切换视图。

二、实验内容

使用内容提示向导建立一个推荐策略类型的演示文稿，输出类型为屏幕演示文稿，演示文稿标题为"推荐策略"，幻灯片上不包含更新日期和幻灯片编号，并保存幻灯片。在此基础上练习 PowerPoint 中的视图切换，观察各视图间有何不同。

三、实验步骤

Ⅰ . 使用内容提示向导创建演示文稿

创建演示文稿具体步骤如下：

● 启动 PowerPoint，在启动对话框中选择"内容提示向导"选项，单击"确定"按钮。
● 在出现的"内容提示向导"对话框的左侧显示了向导的整个流程，如图 5.5 所示。

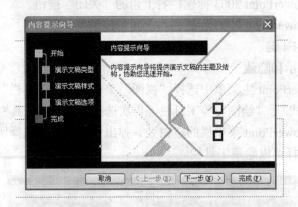

图5.5　"内容提示向导"对话框

● 单击"下一步"按钮，出现选择文稿类型对话框，列出了几种常用类型的文稿。选择"常规"，在它的子类型中选择"推荐策略"。

● 单击"下一步"按钮，进入演示文稿样式流程，从中选择一种输出类型"屏幕演示文稿"。

● 单击"下一步"按钮，进入演示文稿选项，输入文稿标题"推荐策略"。再单击"上次更新日期"和"幻灯片编号"选项，取消默认的这两个选项。

● 单击"下一步"按钮，进入完成画面，单击"完成"按钮，出现如图 5.6 所示的演示文稿。

图5.6　推荐策略类型演示文稿

● 选择"文件"菜单的"保存"或"另存为"命令，在"另存为"对话框中选择保存的位置为 D 盘，输入文件名为"推荐策略"，单击"保存"按钮。

Ⅱ. PowerPoint 视图的切换

PowerPoint 视图的切换有两种方法：

● 在上一个实验制作的演示文稿窗口中，直接单击窗口左下方的 5 个视图按钮：普通视图、大纲视图、幻灯片视图、幻灯片浏览视图、幻灯片放映视图，如图 5.7 所示，观察各视图的不同。

● 单击"视图"菜单，在下一级子菜单中选择相应的视图。

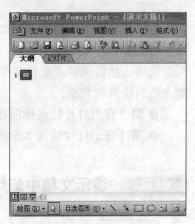

图5.7　4个视图按钮

Ⅲ. 利用"空演示文稿"建立演示文稿

建立自我介绍演示文稿，结果以姓名 .ppt 文件保存在学生文件夹上。具体步骤如下：

● 在 Windows 桌面空白处单击鼠标右键，选择"新建"—"Microsoft Office PowerPoint 演示文稿"，单击打开 Microsoft PowerPoint。

● 在 PowerPoint 工作区单击鼠标右键，选择"新建幻灯片"，或者在"文件"菜单中单击"新建幻灯片"。

● 第 1 张幻灯片采用"标题和文本"的版式，标题处分两行填入"自我介绍"和学生的姓名；文本处填写上学的简历。

● 步骤：选中第一张幻灯片，执行"格式"菜单中"幻灯片版式"命令，此时在窗口的右边将弹出一任务窗格，从中选中"标题和文本"的版式。然后在文本框中按要求输入内容即可。

● 第 2 张幻灯片采用"表格"版式，标题处填入你的所在的省市和高考时的中学学校名；表格由 5 列 2 行组成，内容为你高考的 4 门课程名、总分及对应的分数。

➤首先添加一张新的幻灯片，执行"插入"菜单中的"新幻灯片"菜单命令。

➤方法和 添加"标题和文本"相似。

注意：

插入新的幻灯片方法还有如下几种：

➢ 直接按 Enter 键。

➢ 按快捷键"Ctrl+M".

➢ 点击鼠标右键,在弹出的快捷菜单中,执行"新幻灯片"命令。

● 第 3 张幻灯片采用"标题、文本与内容"版式,标题处填入"个人爱好和特长";文本处以简明扼要的文字填入你的爱好和特长;剪贴画选择你所喜欢的图片或你的照片。

Ⅳ. 利用"设计模板"建立演示文稿

采用"欢天喜地"模板,建立专业介绍演示文稿,由 3 张幻灯片组成,其中 1 张为封面,结果以 P2.ppt 文件保存在磁盘上。

注意:

在 PowerPoint 中,有些模板已经安装,有些必须在使用时通过光盘再安装;若实验室没有提供光驱,另选一个已有的模板。

● 第 1 张幻灯片封面的标题为目前就读的学校名,并学会插入图片,副标题为你的专业名称。

注意:

如果机房能上网的话,可以选择自己喜欢的图片,通过快捷菜单的"图片另存为"命令,将图片以扩展名为".jpg"保存;然后在编辑幻灯片时可通过"插入"菜单中的"图片"选项,然后选择"来自文件"命令,将图片插入到当前幻灯片中,将插入的图片调整到合适的位置和大小。

● 第 2 张幻灯片输入你所在的专业特点和基本情况。

● 第 3 张幻灯片输入本学期学习的课程名称、学分等基本信息。

实验三 演示文稿中幻灯片的基本操作

一、实验目的

● 练习选中的幻灯片操作。

● 练习插入幻灯片操作。

● 练习幻灯片的移动操作。

● 练习幻灯片的复制操作。

● 练习为幻灯片添加备注页。

二、实验内容

练习演示文稿中相关幻灯片的选中、插入、移动、复制和添加备注页等有关操作。

三、实验步骤

Ⅰ. 插入幻灯片

建立一个空演示文稿,并加入 7 张空白幻灯片,它们的幻灯片版式分别是:标题幻灯片、项目清单、表格、文本和剪贴画、图表、组织结构图以及空白幻灯片,然后将演示文稿保存为 p1.ppt。

具体操作步骤如下：

● 选择"文件"菜单中的"新建"命令，出现"新建演示文稿"对话框，如图 5.8 所示。

● 在"新建演示文稿"对话框中，选择"常用"选项卡中的"空演示文稿"，单击"确定"按钮，出现"新幻灯片"对话框，如图 5.9 所示。

| 图5.8 "新建演示文稿"对话框 | 图5.9 "新幻灯片"对话框 |

● 在对话框中选择幻灯片的版式为"标题幻灯片"，单击"确定"按钮，出现如图 5.10 所示的窗口。

● 选择"插入"菜单中的"新幻灯片"命令，或者单击"常用"工具栏上的"新幻灯片"按钮 ，出现"新幻灯片"对话框，选择幻灯片版式，单击"确定"按钮，添加第 2 张幻灯片。

● 重复第 4 步操作添加后面的 5 张幻灯片。

● 选择"文件"菜单的"保存"或"另存为"命令，在"另存为"对话框中选择保存的位置为 D 盘根目录，文件名为 p1.ppt，单击"保存"按钮。

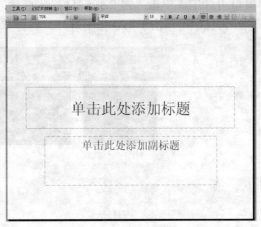

图5.10 新演示文稿窗口

Ⅱ．选中和移动幻灯片

在演示文稿"推荐策略"中，分别在普通视图和幻灯片浏览视图中，选中第 2 张幻灯片，并将第 2 张幻灯片移到第 3 张幻灯片之后。

具体操作步骤如下：

● 打开演示文稿 p1，在默认的普通视图下，在窗口的左侧选中（单击）第 2 张幻灯片。选择"编辑"菜单上的"剪切"命令，如图 5.11 所示。再选中（单击）第 3 张幻灯片，选择"编辑"菜单上的"粘贴"命令。

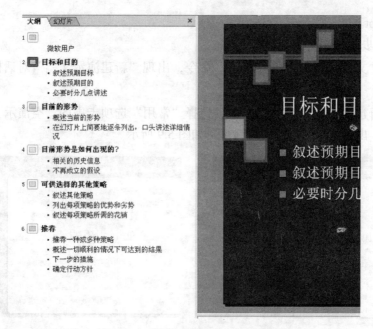

图5.11　在普通视图下移动幻灯片

● 打开演示文稿 p1，单击窗口左下方的视图按钮，切换到幻灯片浏览视图方式。在窗口中选中（单击）第 2 张幻灯片，选择"编辑"菜单上的"剪切"命令，如图 5.12 所示。再选中（单击）第 3 张幻灯片，选择"编辑"菜单上的"粘贴"命令。

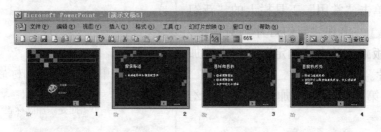

图5.12　在幻灯片浏览视图下移动幻灯片

Ⅲ . 复制和删除幻灯片

● 在演示文稿 p1 中，将第 2 张幻灯片复制到第 5 张幻灯片之后，再将第 5 张幻灯片删除。

具体操作步骤如下：

➢ 打开演示文稿 p1，单击窗口左下方的视图按钮，切换到幻灯片浏览视图方式。在窗口中选中第 2 张幻灯片，选择"编辑"菜单上的"复制"命令，再选中第 5 张幻灯片，选择"编辑"菜单上的"粘贴"命令。

➢ 选中第 5 张幻灯片按 Delete 键，或右击第 5 张幻灯片，在快捷菜单中选择"剪切"命令，还可以在"编辑"菜单中选择"删除幻灯片"命令。

Ⅳ . 添加备注页

在演示文稿 p1 中，为第 6 张幻灯片添加备注页，在备注页中插入剪辑库中"Web 背景"类别下的第 1 张图片。

具体操作步骤如下：

● 在演示文稿 p1 中，选中第 6 张幻灯片。

● 选择"视图"菜单下的"备注页"命令，切换到备注页视图，如图 5.13 所示。

● 在备注页视图中，输入备注文字"Web 图片"。再选择"插入"菜单中的"图片"命令，在其子菜单中选择"剪贴画"命令，在对话框中选择"Web 类别"中的第 1 张图片。

图5.13 备注页视图

实验四 编辑和格式化幻灯片

一、实验目的

● 练习修改文字的内容和格式。

● 练习应用设计模板。

● 设置幻灯片的段落格式。

● 练习修改幻灯片版式。

● 练习修改幻灯片背景。

● 练习在幻灯片上插入背景图片。

● 练习在幻灯片上插入图片。

● 练习使用母版。

● 练习图片的组合和取消组合。

二、实验内容

熟练掌握有关编辑幻灯片文字和格式化幻灯片的基本操作。

三、实验步骤

Ⅰ. 修改文字内容和格式

在演示文稿"推荐策略"中，将标题为"预期目标和前景"的幻灯片改为"预期目标和预期前景"，将"叙述预期目标"这一项移到"叙述预期前景"后面，并把"必要时分几点讲述"这项内容降级。

具体步骤如下：

● 打开前面做好的演示文稿"推荐策略"，在默认的幻灯片视图下，在左窗格中，单击"预期目标和前景"幻灯片，右边窗格显示幻灯片内容。单击"预期目标和前景"占位符，将其内容改为"预期目标和预期前景"，如图5.14所示。

● 单击窗口左下方的"大纲视图"按钮，切换到大纲视图方式。单击"叙述预期目标"这一行的任意位置，再单击"大纲"工具栏上的"下移"按钮，将"叙述预期目标"这一项移到"叙述预期前景"后面，如图5.15所示。

图5.14　修改文字内容和格式　　　　　　　　图5.15　大纲视图方式

● 在大纲视图方式下，在左窗格中，单击第3张幻灯片上的"必要时分几点讲述"这一行的任意位置，然后单击"大纲"工具栏上的"降级"按钮，把"必要时分几点讲述"这项内容降级，如图5.16所示。

图5.16　大纲视图方式下降级

Ⅱ. 应用设计模板

在前面所做的演示文稿 p1 中，应用设计模板 cdesigne.pot。

具体步骤如下：

● 打开 p1 演示文稿。在普通视图方式下，选择"格式"菜单中的"应用设计模板"命令，或单击"格式"工具栏上的"常规任务"按钮，选择"应用设计模板"命令，打开"应用设计模板"对话框，如图 5.17 所示。

● 在对话框中选择 cdesigne.pot，单击"应用"按钮。

Ⅲ. 更改项目符号

将演示文稿 p1 的第 2 个幻灯片中的项目符号，改为"项目符号"选项卡中位于第 2 行第 2 列的样式。

具体步骤如下：

● 打开 p1 演示文稿。在普通视图方式下，选择"格式"菜单中的"项目符号和编号"命令，打开"项目符号和编号"对话框。

● 在对话框中选择所需要的项目符号，单击"确定"按钮，如图 5.18 所示。

图5.17 应用设计模板

图5.18 "项目符号和编号"对话框

Ⅳ. 修改幻灯片版式

在演示文稿 p1 中，将第 3 张幻灯片的版式改为"文本与图表"。

具体步骤如下：

● 打开 p1 演示文稿。在普通视图方式下，在左窗格中单击第 3 个幻灯片。

● 选择"格式"菜单中的"幻灯片版式"命令，或单击"格式"工具栏中的"常规任务"按钮，选择其中的"幻灯片版式"命令，出现"幻灯片版式"对话框，如图 5.19 所示。

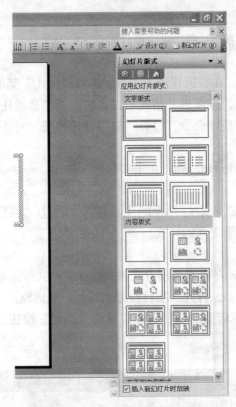

图5.19　"幻灯片版式"对话框

● 在对话框中选中"文本与图表"版式，单击"应用"按钮，效果如图 5.20 所示。

图5.20　"文本与图表"版式效果

V．修改幻灯片背景

在演示文稿"推荐策略"中，修改第 1 张幻灯片的背景色，颜色值为：红色（240）、绿色（170）、蓝色（233）。

具体步骤如下：

● 打开"推荐策略"演示文稿。在普通视图方式下，在左窗格中选中第 1 个幻灯片。

● 选择"格式"菜单中的"背景"命令，或单击"格式"工

图5.21　"背景"对话框

具栏中的"背景"按钮，出现"背景"对话框，如图 5.21 所示。

● 在对话框中单击"背景填充"选项下面的下拉列表框，在其中选择"其他颜色"，出现"颜色"对话框，如图 5.22 所示。

图5.22 "颜色"对话框

● 在对话框中选择"自定义"选项卡，在该选项卡下输入颜色值为：红色（240）、绿色（170）、蓝色（233）。单击"确定"按钮，返回到"背景"对话框。

● 在"背景"对话框中，单击"应用"按钮。

Ⅵ . 修改背景的过渡填充效果

在演示文稿"推荐策略"中，修改第 2 张幻灯片的背景填充效果为单色过渡，过渡颜色为蓝色，底纹样式为横向，使用第 1 个变形效果，并且忽略母版背景。

具体步骤如下：

● 打开"推荐策略"演示文稿。在普通视图方式下，在左窗格中选中第 2 个幻灯片。

● 选择"格式"菜单中的"背景"命令，或单击"格式"工具栏中的"背景"按钮，出现"背景"对话框。

● 在对话框中选中"忽略母版的背景图形"复选框，再单击"背景填充"选项下面的下拉列表框，在其中选择"填充效果"，出现"填充效果"对话框，如图 5.23 所示。

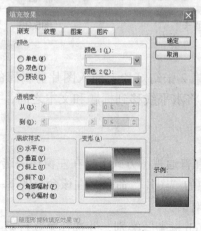

图5.23 "填充效果"对话框

● 在对话框中，选择"过渡"选项卡，再选择颜色为单色过渡，过渡颜色为蔚蓝色，底纹样式为横向，使用第1个变形效果。单击"确定"按钮，返回到"背景"对话框。

● 在"背景"对话框中，单击"应用"按钮。

Ⅶ．修改背景的纹理填充效果

在演示文稿p1中，设置所有幻灯片的背景填充效果为水滴纹理。

具体步骤如下：

● 打开p1演示文稿。在普通视图方式下，选择"格式"菜单中的"背景"命令，或单击"格式"工具栏中的"背景"按钮，出现"背景对话框"。

● 选择"格式"菜单中的"背景"命令，或单击"格式"工具栏中的"背景"按钮，出现"背景"对话框。

● 在对话框中选中"忽略母版的背景图形"复选框，再单击"背景填充"选项下面的下拉列表框，在其中选择"填充效果"，出现"填充效果"对话框。

● 在对话框中，选择"图片"选项卡，在该选项卡中单击"选择图片"按钮，如图5.24所示。出现"插入图片"对话框，如图5.25所示。在对话框中选择图片所在的位置，选择图片后，单击"插入"按钮。单击"确定"按钮，返回到"背景"对话框。

图5.24　"图片"选项卡

图5.25　"插入图片"对话框

Ⅷ．插入剪贴画

在演示文稿p1中，给第2张幻灯片上插入图片剪辑库的"Web框架"类别中，位于第3行第4列的水平线，将水平线移到标题和文本之间，并使水平线和幻灯片保持相同宽度。

具体步骤如下：

● 打开p1演示文稿。在普通视图方式下，在左窗格中选中第1张幻灯片。

● 选择"插入"菜单中的"图片"命令，在该命令的下一级子菜单中选择"剪贴画"命令，打开"打开剪贴画"对话框。

● 在对话框中选择"Web框架"类别，并选择第3行第4列的水平线，选择"插入"命令。

● 回到普通视图下，选中该水平线，按住鼠标左键将其拖动到标题和文本之间。

● 若要使水平线和幻灯片保持相同宽度，将鼠标指针指向图片的 8 个控制点，按住鼠标拖动即可。

Ⅸ.设置幻灯片母版

在演示文稿 p1 中，利用母版功能把除标题幻灯片以外的其他幻灯片中的标题文字字体设置为"楷体"，字号设置为 44 号。其他文字前面的项目符号设置为"※"符号，设置字体为"华文新魏"，字号为 36 号。

具体步骤如下：

● 打开 p1 演示文稿。选择"视图"菜单下的"母版"命令，在"母版"命令的下一级子菜单中选择"幻灯片母版"命令，出现如图 5.26 所示的幻灯片母版窗口。

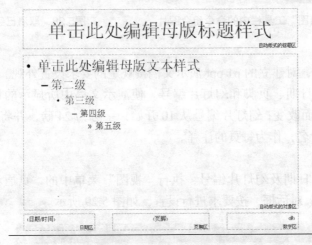

图5.26 幻灯片母版窗口

● 在该窗口中，选中标题文本，然后单击"格式"工具栏中相应的按钮，设置字体、字号等。

● 再选中其他带项目符号的文字，选择"格式"菜单中的"项目符号和编号"命令，出现对话框。在对话框中选中"※"符号，单击"确定"按钮，然后单击"格式"工具栏中相应的按钮，设置字体、字号等。

● 设置完毕后，单击"母版"工具栏上的"关闭"按钮，返回到普通视图窗口。

Ⅹ.图片的组合与取消组合

在演示文稿 p1 中，为第 3 张幻灯片插入两张剪贴画，将他们组合后，再取消组合。

具体步骤如下：

● 打开 p1 演示文稿。在普通视图方式下，在左窗格中选中第 3 张幻灯片。

● 选择"插入"菜单中的"图片"命令，在该命令的下一级子菜单中选择"剪贴画"命令，打开"插入剪贴画"对话框。

● 在对话框中选择植物类别中的一张图片或动物类别中的一张图片，插入到幻灯片中。

● 在幻灯片中，先用鼠标选中一张图片，按住 Shift 键不放，再选择第 2 张图片。然后单击"绘图"工具栏上的"绘图"按钮，选择"组合"命令，如图 5.27 所示，将两张图片组合成一张图片。

● 若要取消组合，则用鼠标选中已经组合的图片，然后单击"绘图"工具栏上的"绘图"按钮，选择"取消组合"命令，即可取消图片的组合，如图 5.28 所示。

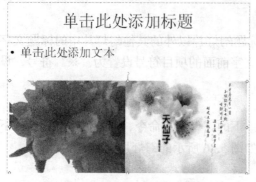

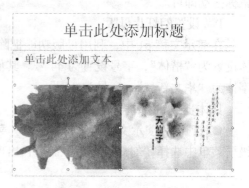

图5.27　使用"绘图"工具栏中的命令组合图片　　　　图5.28　取消已经组合的图片

Ⅺ．实验练习

● 美化幻灯片，对建立的 p1.ppt 演示文稿按规定的要求设置外观。

演示文稿加入日期、页脚和幻灯片编号。使演示文稿中所显示的日期和时间会随着机器内时钟的变化而改变；幻灯片编号从 10 开始，字号为 24 磅，并将其放在右下方；在"页脚区"输入作者名，作为每页的注释。

具体步骤如下：

➢ 添加页脚、日期及幻灯片编号，执行"视图"菜单中的"页眉和页脚"命令，将弹出"页眉和页脚"对话框，按要求进行设置，如图 5.29 所示。

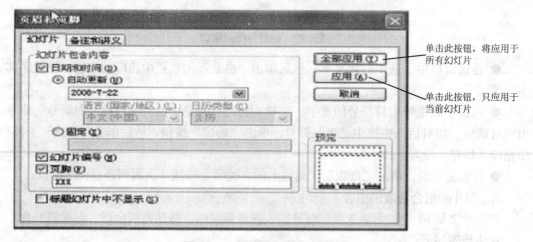

图5.29　"页眉和页脚"对话框

➢ 此时会发现，幻灯片编号是从 1 开始，要改变此设置，只须执行"文件"菜单中的"页面设置"命令，弹出"页面设置"对话框，在该对话框中，将"幻灯片编号起始值"从 1 改为 10，如图 5.30 所示。

➢ 在"设计"选项卡的"主题"组中，单击任一种主题，如"聚合"。

➢ 在工作区空白处单击鼠标右键，选择"设置背景格式"，打开"设置背景格式"对话框，根据自己爱好设置背景，选择"全部应用"。如图 5.31 所示。

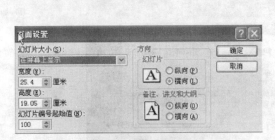

图5.30 "页面设置"对话框

图5.31 "设置背景格式"对话框

➤ 在首页幻灯片中输入标题，如图 5.32 所示。

图5.32 输入标题

➤ 在"插入"选项卡的"媒体剪辑"组中，单击"声音"，选择所要加入的声音或歌曲。

➤ 根据第 2 步，新建幻灯片并输入文字，如图 5.33 所示。

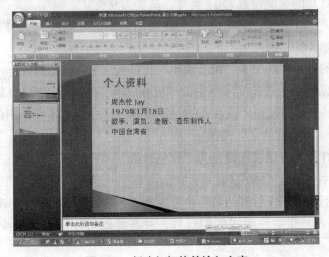

图5.33 新建幻灯片并输入文字

➢在"插入"选项卡的"插图"组中，单击"图片"，选择所要加入的图片，如图 5.34 所示。

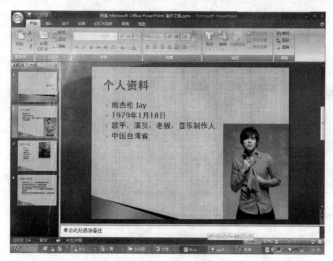

图5.34　插入图片

● 基本操作

➢将某张幻灯片的背景过渡颜色设置为"茵茵绿原"，底纹式样为"从标题"。

选择某张幻灯片→ 单击"格式 / 背景 / 填充效果"→ 选择"过渡"选项卡的"颜色"选项按钮组中的"预设"选项→ 在"预设颜色"下拉列表框中选择"茵茵绿原"；在"底纹式样"的选项按钮组中选择"从标题"选项。

➢将某张幻灯片中的正文的行间距设置为"1.5"。

选择该幻灯片文本框中的所有文字→执行"格式 / 行距"菜单命令→ 在对话框的行距文本框输入 1.5 → 单击"确定"按钮。

➢将某张幻灯片的版式设置为"标题幻灯片"。

选择该幻灯片→ 执行"格式 / 幻灯片版式"菜单命令→选择第一个版式（标题幻灯片）→ 单击"确定"按钮。

➢将整个幻灯片的宽度设置为 13 英寸，高度为 9 英寸。

单击"文件 / 页面设置"菜单命令→ 在对话框中的"宽度"下的文本框中输入 13；在"高度"下的文本框中输入 9。

➢将第 2 张幻灯片中的文本"机会成本"超链接到第 3 张幻灯片。

选择第 2 张幻灯片→ 选定文本框中的"机会成本"→执行"插入 / 超级链接"命令→在对话框中单击"书签"按钮（或在左边"链接到"框中选"本文档中的位置"）→ 选择"3. 机会成本："→ 单击"确定"按钮。

➢将某张幻灯片的背景纹理设置为"蓝色砂纸"。

选择该幻灯片→单击"格式 / 背景 / 填充效果"→ 选择"纹理"选项卡→ 在"纹理"列表框中选择"蓝色砂纸"（纹理的名称参考列表框下的名称提示）→ 单击"确定"按钮。

➢ 在最后插入一张空白版式的幻灯片，并在此幻灯片中加上一个文本框，内容为"成本论的概述"。

选择最后一张幻灯片→ 执行"插入新幻灯片"→ 选择版式为"空白"→ 单击"绘图

工具栏"中的文本框按钮→将光标定位在幻灯片中的任意位置→在出现的占位符中输入文本"成本论的概述"。

➤将演示文稿的日期和时间设置为自动更新。

单击"视图/页眉和页脚"菜单命令→在"幻灯片"选项卡中选定"自动更新"→单击"全部应用"按钮。

➤第2张幻灯片的版式设置为垂直排列文本,背景设置为"鱼类化石"纹理效果。

选择第2张幻灯片→执行"格式/幻灯片版式"菜单命令→选定版式为"垂直排列文本"→单击"确定"按钮→单击执行"格式/背景/填充效果"菜单命令→选择"纹理"选项卡→选择"鱼类化石"纹理效果。

➤第1张幻灯片的主标题建立超链接,链接到"http://www.library.com/"。

选择第一张幻灯片中的标题"网络技术实验"→执行"插入/超级链接"菜单命令→在对话框中的"请输入文件名称或WEB页名称"处输入"http://www.library.com" →单击"确定"按钮。

➤在第1张幻灯片中插入幻灯片编号。

选择第1张幻灯片→执行"视图/页眉和页脚"菜单命令→在"幻灯片编号"前的核对框单击(表示选中)→单击"应用"按钮。

➤给它们设置页眉"计算机培训"。

执行"视图/页眉和页脚"菜单命令→单击"备注和讲义"选项卡→在"页眉"后的文本框中输入"计算机培训"→单击"确定"按钮。

XII.PowerPoint 演示文稿制作的注意事项

● 插入新幻灯片,注意选择正确的"版式"。

● 占位符或文本框中字体格式设置。

● 插入图片、艺术字、文本框,设置它们的格式,利用绘图工具栏绘制自选图形。

● 设置幻灯片背景填充效果(例如:单击菜单"格式/背景/填充效果/预设/雨后初晴")。

● 设置动画效果:预设动画、自定义动画(注意自定义动画的动画顺序和启动方式)。

● 幻灯片切换效果:单击"幻灯片放映/幻灯片切换"设置。

● 动作按钮:单击"幻灯片放映/动作按钮"或者单击绘图工具栏上的"自选图形、动作按钮",共有12种按钮,选择相应的(例如:"前进"、"后退"、"结束"、"声音"等)按钮,再拖动鼠标画出,松开鼠标后,设置超级链接到的位置。

● 设置超链接:单击"幻灯片放映/动作设置",在"动作设置"对话框中设置链接到的位置。

● 修改演示文稿的应用设计模板:单击菜单"格式"/"幻灯片设计",选取相应的模板。

● 调整幻灯片顺序,最简便的是在"浏览视图"下调整。

● 把Word里的文字、图片或者组合对象复制到幻灯片中(先打开Word文件,然后复制,再到幻灯片里粘贴)。

实验五　PowerPoint 动画设置与放映

一、实验目的

● 练习为幻灯片的对象设置动画效果。
● 巩固设置幻灯片的切换效果。
● 学会为演示文稿中的幻灯片设置放映时间。
● 学会设置幻灯片的循环放映。

二、实验内容

熟练掌握有关幻灯片的动画效果、切换效果的设置，以及放映方面的知识。

三、实验步骤

Ⅰ.设置幻灯片动画效果

（1）使用动画方案

动画方案是系统中自带的动画方式，打开相应的对话框单击即可，其具体步骤如下。

① 选中相对应的幻灯片一张或者几张。

② 打开"幻灯片放映"菜单，选择"动画方案"命令。

③ 显示动画方案窗口，向下拖动窗口右边的滚动条，选中"渐变式缩放"，注意屏幕上的动画效果；或单击动画方案窗口下方的"播放"按钮，重新进行预览动画效果，如图 5.35 所示。

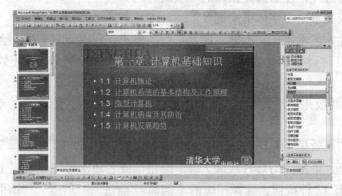

图5.35　使用动画方案

④单击任务窗格下方的"应用于所有幻灯片"按钮，则将选择的动画方案应用于整个演示文稿中。

（2）设置自定义动画效果

设置自定义动画必须先选择对象，对象可以是文本，也可以是图片。其具体步骤如下：

① 在普通视图下，显示要自定义动画的幻灯片。

② 单击"幻灯片放映"菜单中的"自定义动画"命令；或直接单击工具栏中的"设计"命令后，在右边出现的任务窗格"幻灯片设计"中选择"自定义动画"，如图 5.36 所示。

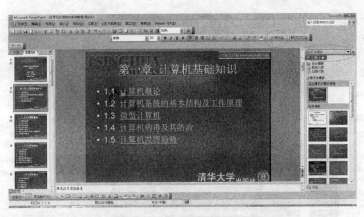

图5.36 使用自定义动画

③ 选定标题文本框，单击任务窗格中的"自定义动画"窗口中的 ☆ 添加效果 ▾ 按钮，选择"进入"菜单下的"百叶窗"命令，如图 5.37 所示。此时在幻灯片中会出现一个数字小图标。

图5.37 自定义动画——进入

④ 还可以在"自定义动画"任务窗格中进一步设置各项参数，"开始"为单击时，"方向"为垂直，"速度"为中速，弹出窗口如图 5.38 所示。

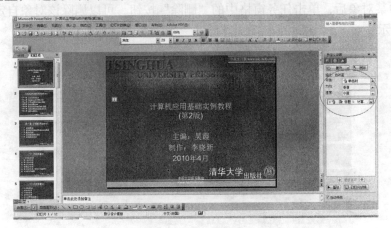

图5.38 设置自定义动画

⑤ 选定文本框，单击"自定义动画"窗口中的 添加效果 按钮，选择"强调"菜单下的"更改字体"命令，如图 5.39 所示。

图5.39　自定义动画——强调

⑥ 选定文本框，单击"自定义动画"窗口中的 添加效果 按钮，选择"退出"菜单下的"飞出"命令，如图 5.40 所示。

图5.40　自定义动画——飞出

⑦ 对每一个需要动态显示的对象重复以上动作即可。

⑧ 选中某对象后，单击任务窗格中的"删除"按钮，可以删除该对象自定义的动画，如图 5.41 所示。

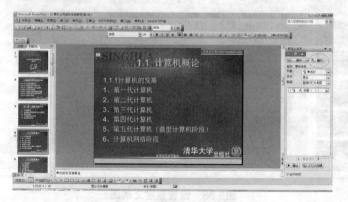

图5.41　删除自定义动画

Ⅱ.设置幻灯片切换

幻灯片的切换效果指的是前后两张幻灯片进行切换的方式。切换效果可用多种不同的技巧将下一张幻灯片显示到屏幕上。具体步骤如下：

①选择一张或多张幻灯片。

②单击"幻灯片放映"菜单中的"幻灯片切换"命令或单击工具栏中的"设计"命令，选中"幻灯片切换"，如图 5.42 所示。

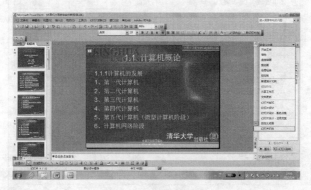

图5.42　幻灯片切换

③在"幻灯片切换"任务窗格中的"应用于所有幻灯片"中选择切换效果"水平百叶窗"，如图 5.43 所示。

图5.43　设置"水平百叶窗"幻灯片切换

④在幻灯片切换任务窗格中设置幻灯片切换的速度为"快速"，声音为"无声音"，换片方式为"单击鼠标时"，如图 5.44 所示。

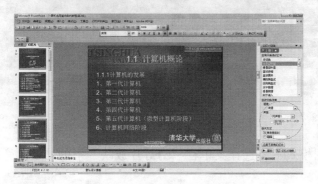

图5.44　设置幻灯片切换参数

Ⅲ．幻灯片播放

（1）设置放映方式

在幻灯片放映前，可以设置放映方式，以根据具体的情况满足相应的需求。单击"幻灯片放映"菜单中的"设置放映方式"命令，弹出"设置放映方式"对话框，如图 5.45 所示。

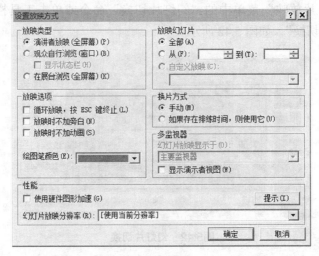

图5.45　"设置放映方式"对话框

（2）放映演示文稿

选择直接放映。具体步骤如下：

①打开演示文稿。

②在幻灯片任何一种视图中，单击 F5 键或按菜单"幻灯片放映"下的"观看放映"命令或单击 PowerPoint 主窗口左下角"视图"工具栏的"幻灯片放映"命令按钮，即可进入幻灯片放映视图，并根据设置的放映方式从当前幻灯片开始播放演示文稿，如图 5.46 所示。

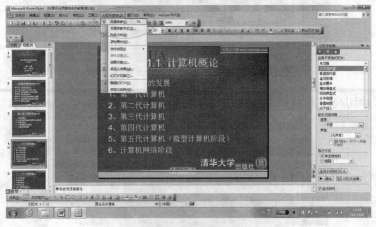

图5.46　幻灯片放映

（3）录制旁白

①在普通视图模式下，选择菜单栏"幻灯片放映"下的"录制旁白"，弹出窗口如图 5.47 所示。

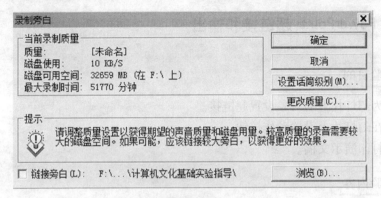

图5.47 "录制旁白"对话框

（4）结束放映

具体方法如下：

①方法一：单击鼠标右键，选择"结束放映"。

②方法二：单击左下角按钮，选择"结束放映"。

③方法三：按 ESC 键。

（5）排练计时

排练计时可跟踪每张幻灯片放映的显示时间并相应地设置计时，为演示文稿估计一个放映时间，以用于自动放映。

①在普通视图方式下，选择"幻灯片放映"菜单下的"排练计时"命令，幻灯片放映将以排练模式打开并开始幻灯片计时。如图 5.48 所示。

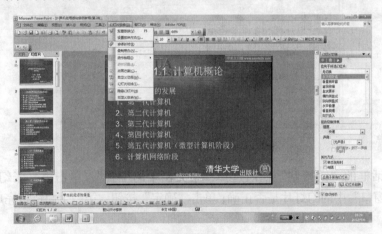

图5.48 排列计时

②选择"排列计时"后，弹出如图 5.49 所示对话框。准备放映下一张幻灯片时，单击"下一页"按钮。如果对计时不满意并希望重试，可单击"重复"按钮，如希望暂停，则单击"暂停"。

图5.49 幻灯片预演设置对话框

实验六 PowerPoint 超链接和输出

一、实验目的

● 练习为幻灯片上的对象设置超链接。
● 练习在幻灯片上设置动作按钮。
● 学会打印演示文稿。

二、实验内容

熟练掌握有关幻灯片的超级链接、动作按钮的设置，以及演示文稿的打印。

三、实验步骤

1. 超链接

（1）设置超链接

在第二张演示文稿中，文本框中的五行文字分别与第三、四、五、八、九张演示文稿建立超链接创建超链接的过程如下。

① 选定第二张幻灯片，选定正文文本框中的第一行文字，选择"插入"菜单下的"超链接"命令，或按 Ctrl+K 键，弹出如图 5.50 所示的"插入超链接"对话框。

图5.50　"插入超链接"对话框

② 在对话框的"链接到"栏内选择"本文档中的位置"，单击第三张幻灯片，注意"幻灯片预览窗口"中的幻灯片是否正确；单击"确定"按钮，第一个超链接完成，如图 5.51 所示。

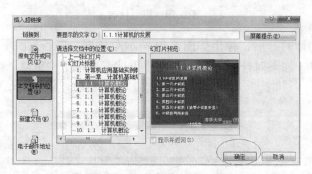

图5.51　"插入超链接"对话框

③ 依次选择正文文本框中第二、三、四、五行的文字，按上述方法分别插入到本文档中的第四、五、八、九张幻灯片的超链接。

④ 超链接设置完毕后，可在全屏放映状态下查看，如图 5.52 所示。

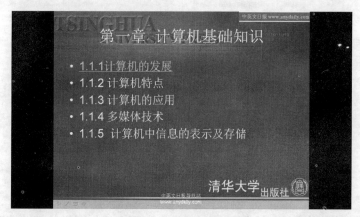

图5.52　查看超链接

（2）查看链接

具体步骤如下：按 F5 键开始幻灯片放映，分别点击第二张幻灯片上的超链接文字和其它各个幻灯片上的超链接图形，查看是否链接到了预想的位置，如有错误，重新修改超链接。

2. 动作设置

对象动作的设置提供了在幻灯片放映中人机交互的一个途径，使演讲者可以根据自己的需要选择幻灯片的演示顺序和展示内容，可以在众多的幻灯片中实现快速跳转，也可以实现与 Internet 的超链接。

① 选定第三张幻灯片，选定动作按钮中第一行第一个，单击之后如图 5.53 所示。

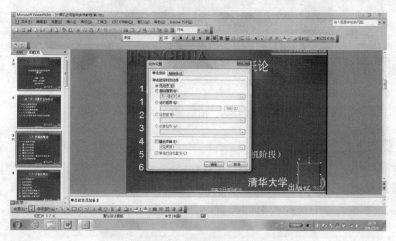

图5.53　设置动作按钮

② 在弹出"动作设置"对话框中，选择第二页为超链接的内容，选择之后按"确定"按钮，如图 5.54 所示。在"单击鼠标"选项卡中选择"超链接到"单选按钮，单击下拉按钮，展开"超链接"列表，从中可以选择超链接的对象。

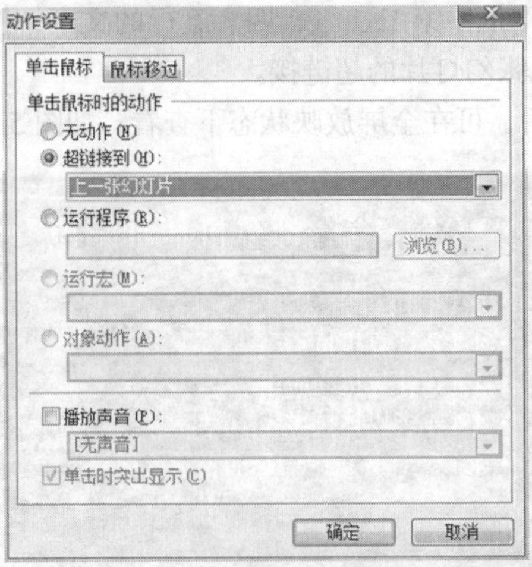

图5.54 "动作设置"对话框

③采用复制粘贴的方法，在第四、五、八、九页上添加同样的超链接图形。

注意：这种方法是使各个复制的图形的超链接是链接到同一张幻灯片的，如若链接到不同的幻灯片，需要修改超链接的链接位置。

3. 打印演示稿

（1）打印透明胶片

单击"视图"菜单中的"颜色/灰度"级联菜单中的"灰度"或"纯黑白"命令即可在幻灯片窗格中以灰度方式或纯黑白方式预览将要打印的幻灯片，如图5.55所示。

图5.55 预览透明胶片

具体步骤如下：

①打开打印机。

②在普通视图下，选择第一张幻灯片。

③从"文件"菜单中选择"页面设置"命令，打开如图5.56所示对话框。

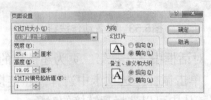

图5.56 "页面设置"对话框

④选择合适的页面设置，单击"幻灯片大小"下拉列表框右侧的箭头，从中选择"摄影机"。

⑤从"文件"菜单中选择"打印"命令，弹出对话框如图 5.57 所示。在对话框"颜色 / 灰度"下拉列表框中选择"纯黑白"选项。

（2）纸张打印输出

在图 5.58 的对话框中选择"打印内容"中的"讲义"或"备注页"。

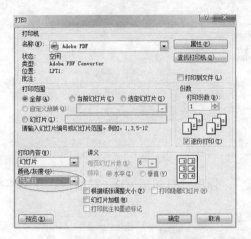

图5.57 "打印"对话框

图5.58 纸张打印

（3）大纲输出

过程和纸张及透明胶片一样。

（4）打印幻灯片

以讲义方式打印所有幻灯片，设置每页三张，根据纸张调整大小、幻灯片加框。

① 选择"文件"菜单下的"打印"命令，弹出"打印对话框"，在"打印范围"选项列表中选择"全部"，"打印内容"下拉列表中选择"讲义"，在"讲义"栏内"每页幻灯片数"栏内选择"3"，选中"根据纸张调整大小"和"幻灯片加框"选项，如图 5.59 所示。

② 单击"预览"按钮，查看打印效果，如图 5.60 所示。关闭预览，保存修改后的文件。

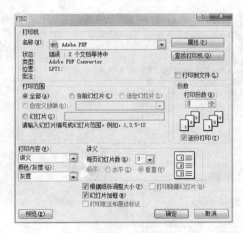

图5.59 打印幻灯片

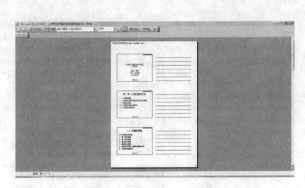

图5.60 预览打印效果

实验七 PowerPoint 打包及网上发布

一、实验目的

● 学会演示文稿的打包。
● 学会网上发布演示文稿。

二、实验内容

学会演示文稿的打包以及网上发布演示文稿。

三、实验步骤

Ⅰ.打包演示文稿

将演示稿打包的步骤如下：

① 打开要打包的演示文稿。

② 在"文件"菜单中选择"打包 CD 命令"，弹出"打包成 CD"对话框。在文本框中可以更改默认的 CD 名。

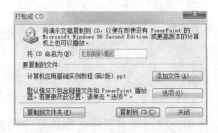

图5.61　"打包成CD"对话框

③ 单击复制到"文件夹"按钮，在弹出的对话框中可以指定文件夹的名称和存放的位置，然后按"确定"可完成操作。

Ⅱ.演示文稿的网上发布

将演示文稿文件转换为 Web 页文件的步骤如下：

① 打开要转换的演示文稿，选择"文件"菜单中的"另存为网页"命令，打开"另存为"对话框。

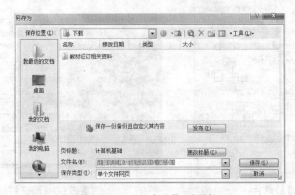

图5.62　"另存为"对话框

② 在此对话框中设置网页文件存放的位置后，单击"保存"按钮即可。

③ 对于生产的 Web 页文件，还可以点击"发布"按钮，发布到互联网上去。可以打开"发布为网页"对话框对发布内容等进行设置。

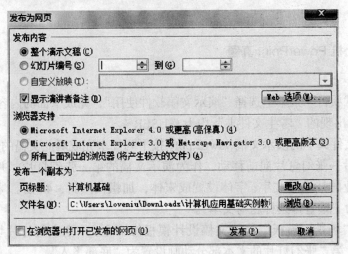

图5.63 "发布为网页"对话框

第2单元　习题部分

一、历年一级上机 PowerPoint 真题

第1题

请在"考试项目"菜单上选择"演示文稿软件使用"，完成下面的内容：

注意：下面出现的"考生文件夹"均为 %USER%。

打开考生文件夹下的演示文稿 yswg2.ppt，按下列要求完成对此文稿的修饰并保存。

（1）将最后一张幻灯片向前移动，作为演示文稿的第一张幻灯片，并在副标题 处键入"领先同行业的技术"文字；字体设置成宋体，加粗，倾斜，44 磅。将最后一张幻灯片的版式更换为"垂直排列标题与文本"。

（2）使用"场景型模板"演示文稿设计模板修饰全文；全文幻灯片切换效果设置为"从左下抽出"；第二张幻灯片的文本部分动画设置为"底部飞入"。

第2题

请在"考试项目"菜单上选择"演示文稿软件使用"，完成下面的内容：

注意：下面出现的"考生文件夹"均为 %USER%。

打开考生文件夹下的演示文稿 yswg3.ppt，按下列要求完成对此文稿的修饰并保存。

（1）在幻灯片的标题区中键入"中国的 DXF100 地效飞机"，字体设置为：红色（注意：请用自定义标签中的红色 255，绿色 0，蓝色 0），黑体，加粗，54 磅。插入一版式为"项目清单"的新幻灯片，作为第二张幻灯片。

输入第二张幻灯片的标题内容：

DXF100 主要技术参数

输入第二张幻灯片的文本内容：

可载乘客 15 人

装有两台 300 马力航空发动机

（2）第二张幻灯片的背景预设颜色为"海洋"，底纹样式为"横向"；全文幻灯片切换效果设置为"从上抽出"；第一张幻灯片中的飞机图片动画设置为"右侧飞入"。

第3题

请在"考试项目"菜单上选择"演示文稿软件使用"，完成下面的内容：

注意：下面出现的"考生文件夹"均为 %USER%。

打开考生文件夹下的演示文稿 yswg6.ppt，按下列要求完成对此文稿的修饰并保存。

（1）将第三张幻灯片版式改变为"垂直排列标题与文本"，将第一张幻灯片背景填充纹理为"羊皮纸"。

（2）将文稿中的第二张幻灯片加上标题"项目计划过程"，字体字号设置为：隶书，48 磅。然后将该幻灯片移动到文稿的最后，作为整个文稿的第三张幻灯片。全文幻灯片的切换效果都设置成"垂直百叶窗"。

第 4 题

请在"考试项目"菜单上选择"演示文稿软件使用",完成下面的内容：

注意：下面出现的"考生文件夹"均为 %USER%。

打开考生文件夹下的演示文稿 yswg7.ppt，按下列要求完成对此文稿的修饰并保存。

（1）将全部幻灯片切换效果设置成"剪切"，整个文稿设置成"领带型模板"。

（2）将第一张幻灯片版式改变为"垂直排列标题与文本"，该幻灯片动画效果均设置成"左侧飞入"。然后将文稿中最后一张幻灯片移到文稿的第一张幻灯片之前，键入标题"软件项目管理"，设置字体字号为：楷体_GB2312，48 磅，右对齐。

第 5 题

请在"考试项目"菜单上选择"演示文稿软件使用"，完成下面的内容：

注意：下面出现的"考生文件夹"均为 %USER%。

打开考生文件夹下的演示文稿 yswg10.ppt，按下列要求完成对此文稿的修饰并保存。

（1）将第三张幻灯片版式改变为"垂直排列标题与文本"，将第一张幻灯片背景填充预设颜色为"薄雾浓云"，底纹样式为"横向"。

（2）第三张幻灯片加上标题"计算机硬件组成"，设置字体字号为：隶书，48 磅。然后将该幻灯片移为整个文稿的第二张幻灯片。全文幻灯片的切换效果都设置成"盒状展开"。

第 6 题

请在"考试项目"菜单上选择"演示文稿软件使用"，完成下面的内容：

注意：下面出现的"考生文件夹"均为 %USER%。

打开考生文件夹下的演示文稿 yswg11.ppt，按下列要求完成对此文稿的修饰并保存。

（1）在第二张幻灯片副标题处键入"让我们一起努力"文字；字型设置成倾斜，40 磅；并将第二张幻灯片移动成演示文稿的第一张幻灯片。

（2）使用"彩带型模板"演示文稿设计模板修饰全文；全部幻灯片切换效果设置为"随机水平线条"；第二张幻灯片的文本部分动画设置为"水平伸展"。

第 7 题

请在"考试项目"菜单上选择"演示文稿软件使用"，完成下面的内容：

注意：下面出现的"考生文件夹"均为 %USER%。

打开考生文件夹下的演示文稿 yswg13.ppt，按下列要求完成对此文稿的修饰并保存。

（1）在第一张幻灯片上键入标题"电话管理系统"，版面改变为"垂直排列标题与文本"。所有幻灯片的文本部分动画设置为"左下角飞入"。

（2）使用"冲动型模板"演示文稿设计模板修饰全文；全部幻灯片切换效果设置为"横向棋盘式"。

第 8 题

请在"考试项目"菜单上选择"演示文稿软件使用"，完成下面的内容：

注意：下面出现的"考生文件夹"均为 %USER%。

打开考生文件夹下的演示文稿 yswg16.ppt，按下列要求完成对此文稿的修饰并保存。

（1）在演示文稿开始处插入一张"标题幻灯片"，作为演示文稿的第一张幻灯片，输入主标题为"趋势防毒，保驾电信"；第三张幻灯片版面设置改变为"垂直排列标题与文本"，并将文本部分动画效果设置成"上部飞入"。

（2）整个演示文稿设置成"狂热型模板"，将全部幻灯片切换效果设置成"溶解"。

第9题

请在"考试项目"菜单上选择"演示文稿软件使用"，完成下面的内容：

注意：下面出现的"考生文件夹"均为%USER%。

打开考生文件夹下的演示文稿 yswg17.ppt，按下列要求完成对此文稿的修饰并保存。

（1）在第一张幻灯片标题处键入"EPSON"字母；第二张幻灯片的文本部分动画设置为"右下角飞入"。将第二张幻灯片移动为演示文稿的第一张幻灯片。

（2）使用"彗星型模板"演示文稿设计模板修饰全文；幻灯片切换效果全部设置为"垂直百叶窗"。

第10题

请在"考试项目"菜单上选择"演示文稿软件使用"，完成下面的内容：

注意：下面出现的"考生文件夹"均为%USER%。

打开考生文件夹下的演示文稿 yswg18.ppt，按下列要求完成对此文稿的修饰并保存。

（1）将第二张幻灯片版面改变为"垂直排列标题与文本"，并将幻灯片的文本部分动画设置为"左下角飞入"。将第一张幻灯片背景填充预设颜色为"极目远眺"，底纹样式为"斜下"。

（2）将演示文稿中的第一张幻灯片加上标题"投入何需连线？"，全部幻灯片的切换效果都设置成"纵向棋盘式"。

第11题

请在"考试项目"菜单上选择"演示文稿软件使用"，完成下面的内容：

注意：下面出现的"考生文件夹"均为%USER%。

打开考生文件夹下的演示文稿 yswg19.ppt，按下列要求完成对此文稿的修饰并保存。

（1）第一张幻灯片的副标题字体设置为：红色（注意：请用自定义标签中的红色255，绿色0，蓝色0），40磅；将第二张幻灯片版面改变为"垂直排列标题与文本"，并将这张幻灯片中的文本部分动画设置为"溶解"。

（2）将第一张幻灯片的背景填充预设颜色设置为"漫漫黄沙"，底纹样式为"斜下"；全部幻灯片的切换效果设置为"向左下插入"。

第12题

请在"考试项目"菜单上选择"演示文稿软件使用"，完成下面的内容：

注意：下面出现的"考生文件夹"均为%USER%。

打开考生文件夹下的演示文稿 yswg22.ppt，按下列要求完成对此文稿的修饰并保存。

（1）将演示文稿中第二张幻灯片移为文稿的最后一张幻灯片，将第二张幻灯片中的汽车设置动画效果都是"从左侧缓慢移入"，文本部分设置为"底部飞入"；动画顺序先文本后对象。

（2）将全部幻灯片切换效果设置成"向右擦除"，将第一张幻灯片背景填充预设颜色为"雨后初晴"，底纹样式为"横向"。

第13题

请在"考试项目"菜单上选择"演示文稿软件使用"，完成下面的内容：

注意：下面出现的"考生文件夹"均为 %USER%。

打开考生文件夹下的演示文稿 yswg23.ppt，按下列要求完成对此文稿的修饰并保存。

（1）将第一张幻灯片中的标题设置为 54 磅，加粗；将第二张幻灯片版面改变为"垂直排列标题与文本"，然后将第二张幻灯片移动为演示文稿的第三张幻灯片；将第一张幻灯片的背景纹理设置为"水滴"。

（2）将第三张幻灯片的文本部分动画效果设置为"底部飞入"，全部幻灯片的切换效果设置为"中部向上下展开"。

第 14 题

请在"考试项目"菜单上选择"演示文稿软件使用"，完成下面的内容：

注意：下面出现的"考生文件夹"均为 %USER%。

打开考生文件夹下的演示文稿 yswg25.ppt，按下列要求完成对此文稿的修饰并保存。

（1）在演示文稿第一张幻灯片上键入副标题"生活多美好"，设置为：加粗，36 磅；将第二张幻灯片版面改变为"对象在文本之上"，并将除标题外的其他部分动画效果全部设置为"右侧飞入"。

（2）将全部幻灯片切换效果设置成"水平百叶窗"，整个演示文稿设置成"笔记本型模板"。

第 15 题

请在"考试项目"菜单上选择"演示文稿软件使用"，完成下面的内容：

注意：下面出现的"考生文件夹"均为 %USER%。

打开考生文件夹下的演示文稿 yswg27.ppt，按下列要求完成对此文稿的修饰并保存。

（1）在演示文稿的最后插入一张"标题幻灯片"，主标题处键入"Star"；设置成加粗，66 磅。将最后二张幻灯片的版式更换为"垂直排列标题与文本"，第二张幻灯片的文本部分动画设置为"垂直百叶窗"。

（2）使用"狂热型模板"演示文稿设计模板修饰全文；全部幻灯片的切换效果设置为"向上插入"。

第 16 题

请在"考试项目"菜单上选择"演示文稿软件使用"，完成下面的内容：

注意：下面出现的"考生文件夹"均为 %USER%。

打开考生文件夹下的演示文稿 yswg29.ppt，按下列要求完成对此文稿的修饰并保存。

（1）在演示文稿的开始处插入一张"只有标题"幻灯片，作为文稿的第一张幻灯片，标题处键入"计算机世界"；字体设置成加粗，66 磅。第三张幻灯片的动画效果设置为"螺旋"。

（2）使用"狂热型模板"演示文稿设计模板修饰全文；全部幻灯片的切换效果设置为"随机垂直线条"。

第 17 题

请在"考试项目"菜单上选择"演示文稿软件使用"，完成下面的内容：

注意：下面出现的"考生文件夹"均为 %USER%。

打开考生文件夹下的演示文稿 yswg33.ppt，按下列要求完成对此文稿的修饰并保存。

（1）将第一张幻灯片版面改变为"垂直排列标题与文本"，文本部分的动画效果设置为"横向棋盘式";然后将这张幻灯片移成第二张幻灯片。

（2）整个演示文稿设置成"彩晕型模板"；将全部幻灯片切换效果设置成"剪切"。

第18题

请在"考试项目"菜单上选择"演示文稿软件使用"，完成下面的内容：

注意：下面出现的"考生文件夹"均为%USER%。

打开考生文件夹下的演示文稿 yswg34.ppt，按下列要求完成对此文稿的修饰并保存。

（1）将第二张幻灯片的对象部分动画效果设置为"溶解"；将第一张幻灯片版面改变为"垂直排列标题与文本"，然后将该张幻灯片移为演示文稿的第二张幻灯片。

（2）使用演示文稿设计中的"冲动型模板"来修饰全文。全部幻灯片的切换效果设置成"随机"。

二、历年一级 PowerPoint 选择真题

1. PowerPoint 2003 是用于制作（　　　）的工具软件。

　　A. 文档文件　　　　　B. 演示文稿　　　　　C. 模板　　　　　　　D. 动画

答案：B

2. 由 PowerPoint 2003 创建的文档称为（　　　）。

　　A. 演示文稿　　　　　B. 幻灯片　　　　　　C. 讲义　　　　　　　D. 多媒体课件

答案：A

3. PowerPoint 2003 演示文稿文件的扩展名是（　　　）。

　　A. .ppt　　　　　　　B. .pot　　　　　　　C. .xls　　　　　　　D. .htm

答案：A

4. 演示文稿文件中的每一张演示单页称为（　　　）。

　　A. 旁白　　　　　　　B. 讲义　　　　　　　C. 幻灯片　　　　　　D. 备注

答案：C

5. PowerPoint 2003 中能对幻灯片进行移动、删除、复制和设置动画效果，但不能对幻灯片进行编辑的视图是（　　　）。

　　A. 幻灯片视图　　　　　　　　　　　　　　　B. 普通视图

　　C. 幻灯片放映视图　　　　　　　　　　　　　D. 幻灯片浏览视图

答案：C

6. （　　　）是事先定义好格式的一批演示文稿方案。

　　A. 模板　　　　　　　B. 母版　　　　　　　C. 版式　　　　　　　D. 幻灯片

答案：A

7. 选择 PowerPoint 2003 中（　　　）的"背景"命令可改变幻灯片的背景。

　　A. 格式　　　　　　　B. 幻灯片放映　　　　C. 工具　　　　　　　D. 视图

答案：A

8. PowerPoint 2003 模板文件以（　　　）扩展名进行保存。

　　A. .ppt　　　　　　　B. .pot　　　　　　　C. .dot　　　　　　　D. .xlt

答案：B

9. PowerPoint 2003 的大纲窗格中，不可以（　　　）。

A. 插入幻灯片　　　B. 删除幻灯片　　　C. 移动幻灯片　　　D. 添加文本框

答案：D

10. 在编辑演示文稿时，要在幻灯片中插入表格、剪贴画或照片等图形，应在（　　）中进行。

A. 备注页视图　　B. 幻灯片浏览视图　C. 幻灯片窗格　　　D. 大纲窗格

答案：C

11. 演示文稿中每张幻灯片都是基于某种（　　）创建的，它预定义了新建幻灯片的各种占位符布局情况。

A. 模板　　　　　B. 母版　　　　　C. 版式　　　　　D. 格式

答案：C

12. 在 PowerPoint 2003 中，设置幻灯片放映时的换页效果为"向下插入"，应使用"幻灯片放映"菜单下的（　　）选项。

A. 动作按钮　　　B. 幻灯片切换　　C. 预设动画　　　D. 自定义动画

答案：B

13. 每个演示文稿都有一个（　　）集合。

A. 模板　　　　　B. 母版　　　　　C. 版式　　　　　D. 格式

答案：B

14. 下列操作，不能插入幻灯片的是（　　）。

A. 单击工具栏中的"新幻灯片"按钮

B. 单击工具栏中"常规任务"按钮，从中选择"新幻灯片"选项

C. 从"插入"下拉菜单中选择"新幻灯片"命令

D. 从"文件"下拉菜单中选择"新建"命令或单击工具栏中的"新建"按钮

答案：D

15. 关于插入幻灯片的操作，不正确的是（　　）。

A. 选中一张幻灯片，做插入操作

B. 插入的幻灯片在选定的幻灯片之前

C. 首先确定要插入幻灯片的位置，然后再做插入操作

D. 一次可以插入多张幻灯片

答案：B

16. 在幻灯片中设置文本格式，首先要（　　）标题占位符、文本占位符或文本框。

A. 选定　　　　　B. 单击　　　　　C. 双击　　　　　D. 右击

答案：A

17. 在 PowerPoint 2003 中，幻灯片（　　）是一张特殊的幻灯片，包含已设定格式的占位符。这些占位符是为标题、主要文本和所有幻灯片中出现的背景项目而设置的。

A. 模板　　　　　B. 母版　　　　　C. 版式　　　　　D. 样式

答案：B

18. 对母版的修改将直接反映在（　　）幻灯片上。

A. 每张　　　　　　　　　　　B. 当前

C. 当前幻灯片之后的所有　　　D. 当前幻灯片之前的所有

答案：A

19. 要为所有幻灯片添加编号，（　　）方法是正确的。

　　A. 执行"插入"→"幻灯片编号"命令即可

　　B. 执行"视图"→"页眉和页脚"命令，在弹出的对话框中选中"幻灯片编号"
　　复选框，然后单击"应用"按钮

　　C. 执行"视图"→"页眉和页脚"命令，在弹出的对话框中选中"幻灯片编号"
　　复选框，然后单击"全部应用"按钮

　　D. 在母版视图中，执行"插入"→"幻灯片编号"命令即可

答案：C

20. 在 PowerPoint 2003 软件中，可以为文本、图形等对象设置动画效果，以突出重
　　点或增加演示文稿的趣味性。设置动画效果可采用（　　）菜单的"预设动画"
　　命令。

　　A. 格式　　　　　　B. 幻灯片放映　　　C. 工具　　　　　　D. 视图

答案：B

21. 要使幻灯片在放映时能够自动播放，需要为其设置（　　）

　　A. 超级链接　　　　B. 动作按钮　　　　C. 排练计时　　　　D. 录制旁白

答案：C

22. 演示文稿打包后，在目标盘上会产生一个名为（　　）的解包可执行文件。

　　A. Setup.exe　　　B. Pngsetup.exe　　C. Install.exe　　　D. Pres0.ppz

答案：B

23. 展开打包的演示文稿文件，需要运行（　　）。

　　A. pngsetup.exe　　B. pres0.exe　　　C. acme.exe　　　　D. findfast.exe

答案：A

24. 对于演示文稿中不准备放映的幻灯片可以用（　　）下拉菜单中的"隐藏幻灯片"
　　命令隐藏。

　　A. 工具　　　　　　B. 幻灯片放映　　　C. 视图　　　　　　D. 编辑

答案：B

25. 在 PowerPoint 2003 中，可以创建某些（　　），在幻灯片放映时单击它们就可以
　　跳转到特定的幻灯片或运行一个嵌入的演示文稿。

　　A. 按钮　　　　　　B. 过程　　　　　　C. 替换　　　　　　D. 粘贴

答案：A

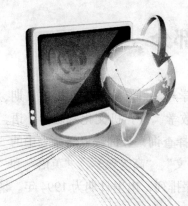

第六章

数据库技术与
Access 2003

★ 掌握数据库的创建方法和创建过程
★ 了解设置数据库默认文件夹的方法
★ 掌握数据表的创建方法和创建过程
★ 了解数据类型的分类
★ 掌握建立数据表关系方法
★ 掌握建立数据表关系过程
★ 掌握数据库数据的输入方法
★ 掌握数据库查询的创建方法
★ 掌握数据库的关闭方法

第1单元　实验部分

　　建立数据库（Xsgl.Mdb），内含学籍表（字段为：学号、姓名、性别、出生日期、入学日期、专业）和成绩表（字段为：大学语文、高等数学、计算机文化基础、外语、哲学、体育），并输入数据，然后使用设计器创建一个选择查询，查询选取学籍表中的"学号"、"姓名"、"出生日期"字段，成绩表中的"大学语文"、"高等数学"、"英语"和"计算机文化基础"字段，要求计算机文化基础成绩按升序排列，出生日期为1994年。请写出具体步骤。

实验一　创建数据库

一、实验目的

● 掌握数据库的创建方法和创建过程。
● 了解设置数据库默认文件夹的方法。

二、实验内容

● 用 Access 2003 数据库管理系统创建一个学生管理数据库（Xsgl.mdb）。
● 设置数据库所在位置为默认文件夹。
● 退出 Access 2003 数据库管理系统。

三、实验步骤

I . 启动 Access 2003 数据库管理系统有以下几种方法

（1）单击"开始"→"程序"→"Microsoft Office 2003"→"Microsoft Office Access 2003"。

（2）双击桌面上已建立的 Access 快捷方式图标。

（3）双击已建立的 Access 数据库。

II . 创建新的空数据库

操作步骤：

（1）执行菜单栏"文件"→"新建"菜单命令，如图 6.1 所示。

（2）单击窗口右侧的"空数据库"，屏幕弹出"文件新建数据库"对话框，出现如图 6.2 所示在"文件名"框中改写成"Xsgl.mdb"。

（3）单击"创建"命令按钮，就建立好一个空白的数据库，出现如图 6.3 所示的窗口。

备注：Access 2003 默认存储格式为 Access 2000。

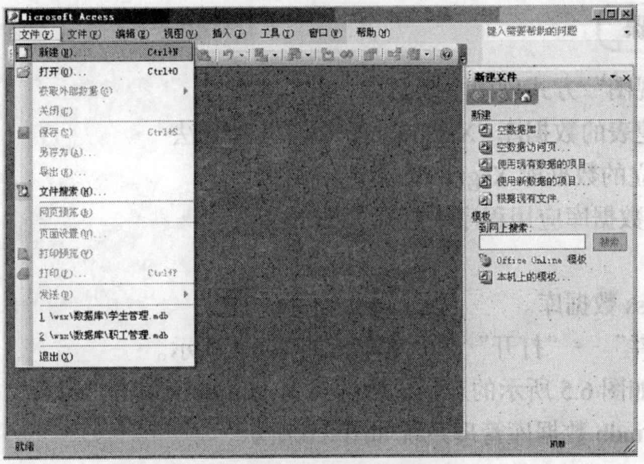

图6.1 新建数据库

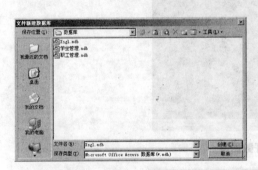

图6.2 "文件新建数据库"对话框

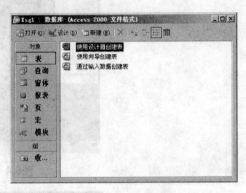

图6.3 数据库

四、实验报告

1. 试验时间、实验地点、参加人员。

2. 按实验内容作出记录。

3. 实验心得。

实验二 创建数据表

一、实验目的

● 掌握数据表的创建方法和创建过程。

● 了解数据类型的分类。

二、实验内容

● 掌握数据表的创建方法。

● 在学生管理数据库（Xsgl.Mdb）创建数据表"学籍表"和"成绩表"。

三、实验步骤

使用"设计视图"方式创建一个新表

1. 打开要创建表的数据库：Xsgl.mdb 有以下几种方法

① 双击已建立的数据库 Xsgl.mdb 文件。

② 在 Access 数据库应用程序中打开 Xsgl.mdb。

操作步骤：

① 打开 Access 数据库。

② 执行"文件"→"打开"命令菜单，如图 6.4 所示。

③ 在出现的如图 6.5 所示的对话框中选择 Xsgl.mdb，单击"打开"按钮。

④ 打开 Xsgl.mdb 数据库管理系统如图 6.6 所示。

图6.4　打开数据库

图6.5　选择数据库

图6.6　数据库

2. 创建"学籍表"和"成绩表"

（1）利用"设计视图"方式创建"学籍表"

操作步骤：

① 在数据库窗口中选择"表"选项卡。

② 单击"新建"按钮，Access 弹出"新建表"对话框，如图 6.7 所示。

图6.7 创建方式

③ 在"新建表"对话框中选择"设计视图"选项。

④ 单击"确定"按钮，Access 立即打开"设计视图"，如图 6.8 所示。

图6.8 设计视图

⑤ 在"字段名称"一列中分别填写学号、姓名、性别、出生日期、入学日期、专业，并在"数据类型"对应一列中，分别选择数据的类型。

⑥ 选择"学号"字段，在工具栏"编辑"中选择"主键"命令，如图 6.9 所示，将"学号"设置为主关键字。

图6.9 工具栏

⑦ 在工具栏上选择"保存"命令，出现"另存为"对话框，在"表名称"一栏中，填写"学籍表"，如图 6.10 所示，单击"确定"按钮。"学籍表"创建完成。

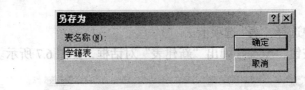

图6.10 "另存为"对话框

（2）利用"设计视图"方式创建"成绩表"

操作步骤：

① 在数据库窗口中选择"表"选项卡。

② 单击"新建"按钮，Access 弹出"新建表"对话框。如图 6.11 所示。

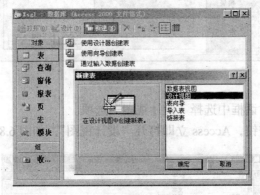

图6.11 创建方式

③ 在"新建表"对话框中选择"设计视图"选项。

④ 单击"确定"按钮，Access 立即打开"设计视图"，如图 6.12 所示。

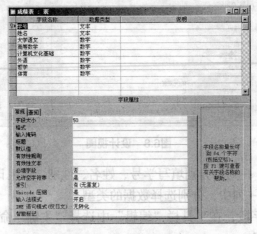

图6.12 设计视图

⑤ 在"字段名称"一列中分别填写学号、姓名、大学语文、高等数学、计算机文化基础、外语、哲学、体育，并在"数据类型"对应一列中，分别选择数据的类型。

⑥ 选择"学号"字段，在工具栏上选择"主键"命令，如图 6.12 所示，将"学号"设置为主关键字。

⑦ 在工具栏上选择"保存"命令，出现"另存为"对话框，在表名称一栏中，填写"成绩表"，单击"确定"按钮。"成绩表"创建完成。

四、实验报告

1. 试验时间、实验地点、参加人员。
2. 按实验内容作出记录。
3. 实验心得。

实验三 建立数据表关系

一、实验目的

● 掌握建立数据表关系方法。
● 掌握建立数据表关系过程。

二、实验内容

建立"学籍表"和"成绩表"之间的关系。

三、实验步骤

1. 关闭当前"Xsgl.mdb"中所有已打开的表。

2. 单击工具栏中的"关系"按钮，或执行"工具"→"关系"菜单命令，打开"关系"对话框，如图 6.13 所示。

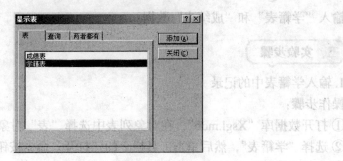

图6.13 工具栏

3. 在"显示表"对话框中的表选项卡中选择要建立关系的表"学籍表"，然后单击"添加"按钮，将其添加到"关系"窗口中，采用同样的方法将"成绩表"也添加到关系窗口中。单击"关闭"按钮，关闭"显示表"对话框。

图6.14 显示表

4. 用鼠标左键单击"学籍表"表中的"学号"字段，按住鼠标左键将其拖到"成绩表"表中的"学号"字段上，放开鼠标左键，此时出现"编辑关系"对话框，如图 6.15 所示。

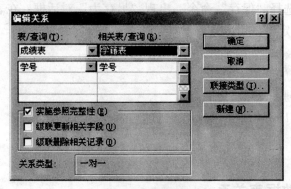

图6.15　编辑关系

5. 在"编辑关系"对话框中单击"创建"按钮，可以得到两表间在相应的字段上出现一条连线，如图 6.16 所示，这样就完成了两个表间的关系建立。

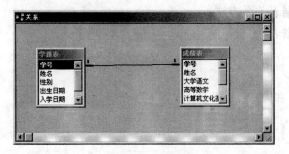

图6.16　关系

实验四　输入数据

一、实验目的

掌握数据库数据的输入方法。

二、实验内容

输入"学籍表"和"成绩表"数据。

三、实验步骤

1. 输入学籍表中的记录

操作步骤：

① 打开数据库"Xsgl.mdb"，在对象列表中选择"表"对象。

② 选择"学籍表"，然后单击工具栏上的"打开"命令按钮或双击"学籍表"。

③ 在"学籍表"中添加相应的记录。

图6.17 数据库

图6.18 学籍表

2.输入成绩表中的记录

操作步骤：

① 打开数据库"Xsgl.mdb"，在对象列表中选择"表"对象。

② 选择"成绩表"，然后单击工具栏上的"打开"命令按钮或双击"成绩表"。

③ 在"成绩表"中添加相应的记录。

图6.19 成绩表

实验五 创建查询

一、实验目的

掌握数据库查询的创建方法。

二、实验内容

创建查询对象"查询"。

三、实验步骤

Ⅰ.创建查询

操作步骤：

（1）打开数据库"Xsgl.mdb"，在对象列表中选择"查询"对象，如图 6.20 所示。

（2）双击"在设计视图中创建查询"或单击工具栏上的"设计按钮"命令按钮。

图6.20　数据库

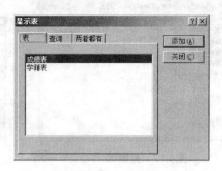

图6.21　显示表

（3）在弹出的"显示表"对话框中，选择"成绩表"，单击"添加"按钮或双击"成绩表"，并添加"学籍表"，然后关闭"显示表"对话框，如图6.21、6.22所示。

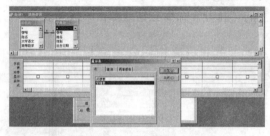

图6.22　查询设计视图

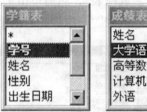

图6.23　学籍表和成绩表

（4）在"学籍表"中选择"学号"、"姓名"、"出生日期"字段，在"成绩表"中选择"大学语文"、"高等数学"、"英语"和"计算机文化基础"字段如图6.23所示。

（5）在"计算机文化基础"字段名一栏，"排序"一行中选择"升序"，如图6.24所示。

（6）在工具栏中选择"保存"，出现"另存为"对话框，输入查询的名称，点击"确定"。

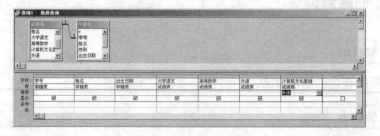

图6.24　查询设计视图

Ⅱ.运行查询

图6.25　工具栏

运行查询的方法有两种：

①单击工具栏中的"运行"按钮，如图6.25所示。

②在数据库对象对话框中运行查询。

操作步骤：

（1）打开数据库"Xsgl.mdb"，在对象列表中选择"查询"对象，如图6.26所示。

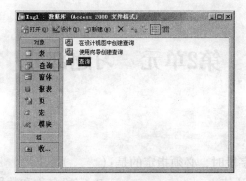

图6.26　数据库

（2）双击所建立的“查询”对象，或是选择“查询”，然后单击工具栏中的“打开”命令。弹出的对话框，即为查询的结果，如图 6.27 所示。

查询：选择查询

学号	姓名	出生日期	大学语文	高等数学	外语	计算机文化基础
20100101003	刘东	1994-1-15	78	89	75	45
20100101008	张扬	1994-9-2	80	53	86	51
20100101002	赵宏博	1993-10-1	65	80	81	83
20100101001	曲波	1993-12-3	60	75	78	86
20100101006	王伟	1994-7-14	65	50	75	89
20100101005	陈丽	1993-5-30	57	59	63	90
20100101004	李国华	1993-6-23	75	84	71	92
20100101007	高峰	1993-8-25	56	48	73	96

记录: 1 共有记录数: 8

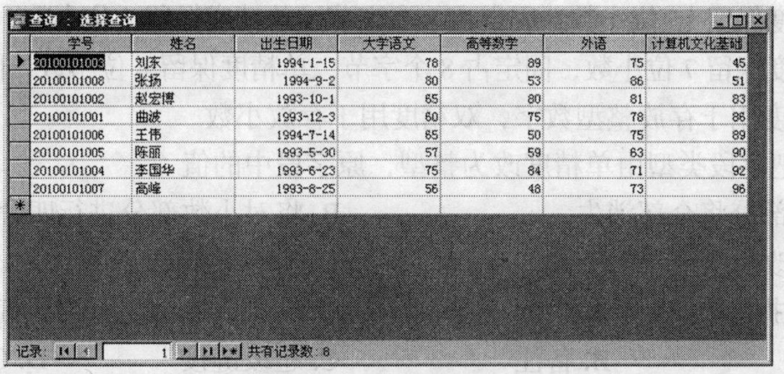

图6.27　选择查询

（3）关闭查询。

实验六　关闭数据库

一、实验目的

掌握数据库的关闭方法。

二、实验内容

关闭数据库。

三、实验步骤

关闭数据库有以下几种方法：

（1）单击“数据库”窗口右上角的“关闭”按钮。

（2）双击“数据库”窗口左上角的“菜单控制图标”，或单击“数据库”窗口左上角的“菜单控制图标”，从弹出的下拉菜单中选择“关闭”命令。

（3）执行“文件”→“关闭”菜单命令。

（4）使用快捷键 Alt+F4。

第2单元 习题部分

选择题

1. 在设计视图添加字段时，必须指定的是：（　　　）。
   A. 字段名称和默认值　　　　　　　　B. 字段名称和数据类型
   C. 字段名称和主键　　　　　　　　　D. 字段名称和有效性规则

2. 定义数字类型时，双精度和单精度的区别在于
   A. 双精度保留 15 位小数，固定占 4 个字节，单精度保留 7 为小数，固定占 2 个字节
   B. 双精度保留 15 位小数，固定占 8 个字节，单精度保留 7 位小数，固定占 4 个字节
   C. 双精度保留 7 位小数，固定占 8 个字节，单精度保留 4 位小数，固定占 4 个字节
   D. 单精度用于存放整型数字，双精度用于存放小数

3. 如果要把字段类型由单精度改为整型，原字段中的值（　　　）。
   A. 小数部分将全部消失　　　　　　　B. 将对小数部分进行四舍五入取整
   C. 全部改为空值　　　　　　　　　　D. 所有数值全部改为 0

4. Access 数据库中如果字段值为"开心网"的网址，则该字段的数据类型应定义为（　　　）。
   A. 文本　　　　　　B. 备注　　　　　　C. 超级链接　　　　　D. OLE 对象

5. 假设一种商品用"商品（商品编号，商品名称，数量，产地）"来描述，该描述属于（　　　）。
   A. 实体型　　　　　B. 实体　　　　　　C. 实体集　　　　　　D. 属性

6. 关于 Access 以下说法错误的是（　　　）。
   A. Access 是一种数据库管理系统
   B. 能够处理多种数据类型，并可访问多种格式的数据库
   C. 使用符合标准的 SQL 数据库语言，具有较好的通用性
   D. Access 中每个对象都对应一个独立的文件

7. 小明写了一篇 1000 字的作文，想存储在数据表的字段中，该字段应该选择的数据类型是（　　　）。
   A. 文本　　　　　　B. 备注　　　　　　C. 超级链接　　　　　D. OLE 对象

8. 表达式 10>9 or 9<10 结果是（　　　）。
   A. FALSE　　　　　B. TRUE　　　　　　C. 0　　　　　　　　 D. 1

9. 决定数据库之间联系的表达方式，直接影响数据库性能的是（　　　）。
   A. 数据集合　　　　B. 数据属性　　　　C. 数据模型　　　　　D. 数据实体

10. 关于数字类型，以下说法错误的是（　　　）。
    A. 定义了一个数字类型后，默认值是字节
    B. 双精度型可以保留 15 位小数，固定占 8 个字节
    C. 当定义为整型时，固定占 2 个字节，存放 -32768 ~ 32767 之间的整数

D. 系统提供了 7 种数字类型可以选择

11. Access 数据库的基本对象是（　　　）。

    A. 窗体　　　　　　　　B. 数据表　　　　　　　C. 数据访问页　　　　　D. 查询

12. 若要在字段中存放学生的照片，则该字段的数据类型应当选择（　　　）。

    A. 文本　　　　　　　　B. 备注　　　　　　　　C. OLE 对象类型　　　　D. 是 / 否类型

13. Access 中提供的数字类型的种类是

    A. 5　　　　　　　　　　B. 7　　　　　　　　　　C. 10　　　　　　　　　　D. 12

14. Access 数据表视图中，不能进行的操作包括（　　　）。

    A. 修改字段名称　　　　　　　　　　　　　　B. 增加新记录

    C. 修改记录内容　　　　　　　　　　　　　　D. 修改字段的数据类型

15. 创建简单查询时，其数据源可以是（　　　）。

    A. 表和查询　　　　　　B. 表和窗体　　　　　　C. 窗体和查询　　　　　D. 只能是表

参考答案：

1-5 BBBCA　　　6-10 DBACA　　　11-15 BCCDA

第七章
计算机网络基础

本章重点

★ 了解网线制作工具
★ 掌握网线水晶头的两种做法标准
★ 掌握 IP 地址的两种配置方法
★ 掌握查看 IP 配置信息的方法
★ 了解 MAC 地址的修改方法（高级技能）
★ 掌握网络资源共享

第1单元 实验部分

实验一 制作网线

一、实验目的

● 认识和熟练应用网线制作专用工具。
● 掌握网线水晶头的两种做法的标准。
● 掌握网线的制作过程。

二、实验内容

● 制作直通线。
● 制作交叉线。

三、实验步骤

1. 学习、掌握直通线及交叉线线序

网线有两种制作标准，标准分别为 TIA/EIA 568B 和 TIA/EIA 568A 。网线灰色胶皮内有 8 根芯线，芯线从左至右排序标号为 12345678。

下面是 TIA/EIA 568B 和 TIA/EIA 568A 网线线序（优先选择 T568B 接法）：

TIA/EIA-568B: 1. 白橙，2. 橙，3. 白绿，4. 蓝，5. 白蓝，6. 绿，7. 白棕，8. 棕。

TIA/EIA-568A: 1. 白绿，2. 绿，3. 白橙，4. 蓝，5. 白蓝，6. 橙，7. 白棕，8. 棕。

直通线：两端都做成 T568B 或 T568A。用于不同设备相连（如网卡到交换机，优先选择 T568B 标准）。

交叉线：一端做成 T568B 一端做成 T568A。用于同种设备相连（如网卡到网卡）。

排序方式如图 7.1 所示。

2. 了解实验工具

（1）网线钳，如图 7.2 所示。网线钳是用来压接网线（或电话线）和水晶头的工具，集剪切、压著、剥线于一体，因地域不一样名称也不尽一样：网络端子钳、网络钳、线缆压著钳、网线钳等。

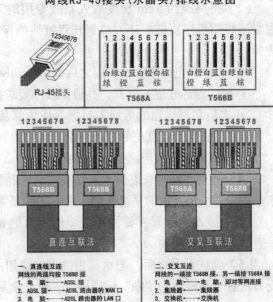

网线RJ-45接头（水晶头）排线示意图

一、直连线互连
网线的两端均接 T568B 接
1. 电 脑——ADSL 猫
2. ADSL 猫——ADSL 路由器的 WAN 口
3. 电 脑——ADSL 路由器的 LAN 口
4. 电 脑——集线器或交换机

二、交叉互连
网线的一端接 T568B 接，另一端按 T568A 接
1. 电 脑——电 脑，即对等网连接
2. 集线器——集线器
3. 交换机——交换机
4. 路由器——路由器

图7.1 网线排序示意图

（2）测线仪，如图 7.3 所示。测试仪可以对同轴电缆的 BNC 接口网线以及 RJ-45 接口的网线进行测试。

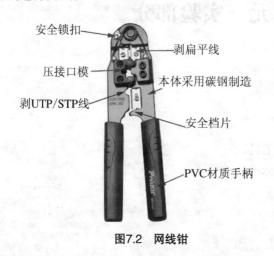

图7.2　网线钳　　　　　　　　　　　　　图7.3　测线仪

把网线两端的 RJ-45 接口（水晶头）插入测试仪的两个接口之后，若测试的线缆为直通线缆，在测试仪上的 8 个指示灯应该依次为绿色闪过，证明网线制作成功；若测试的线缆为交叉线缆，其中一侧同样是依次由 1 ~ 8 闪动绿灯，而另外一侧则会根据 3、6、1、4、5、2、7、8 这样的顺序闪动绿灯。若出现任何一个灯为红灯或黄灯，都证明存在断路或者接触不良现象。

3. 制作网线过程

（1）利用网线钳的剪线刀口剪裁出计划需要使用到的双绞线长度。

（2）将网线约 5 cm 长度放入剥线专用的刀口——"剥 UTP/STP 线"口，稍微用力握紧压线钳慢慢旋转，让刀口划开双绞线的保护胶皮，把一部分约 5cm 的灰色保护胶皮去掉。

（3）剥除灰色的塑料保护层之后即可见到网线灰色胶皮中不同颜色的 4 对 8 条芯线。

① 把四对芯线逐一解开，并根据线序要求把芯线依次排列好并理顺、捋直。

② 之后利网线钳的剪线刀口把芯线顶部裁剪整齐，保留的去掉外层胶皮的部分约为 15 mm 左右，这个长度正好能将各细导线插入到各自的线槽。

（注：裁剪的时候应该是水平方向插入。）

（4）把整理好的线缆插入水晶头内。水晶头（RJ-45 接口）有金属片的一面朝上，使水晶头中芯线最左边的是第 1 脚，最右边的是第 8 脚，其余依次顺序排列。

（注：插入的时候需要注意缓缓地用力把 8 条线缆同时沿水晶头内的 8 个线槽插入，一直插到线槽的顶端。）

（5）确认无误之后，把水晶头插入网线钳的"压接口模"处，然后用力握紧网线钳，受力之后听到轻微的"啪"一声即可。压线之后水晶头凸出在外面的金属片全部压入水晶头内。

4. 利用测线仪测试网线是否制作成功

5. 填写实验报告，按实验内容作出记录

在此实验中应该注意以下三点问题：

（1）线序是否符合要求。

（2）芯线剪切是否整齐。

（3）压线是否结实，芯线与水晶头金属片接触是否良好。

实验二 IP配置及MAC地址修改

一、实验目的

● 掌握 IP 的两种配置方式。

● 掌握查看 IP 配置信息的方法。

● 了解 MAC 地址的修改方法（高级技能）。

二、实验内容

● 静态配置 IP 地址。

● 动态配置 IP 地址。

● 查看网络地址信息。

● 修改 MAC 地址（高级技能）。

三、实验步骤

1. 掌握 IP 地址的作用

一台计算机物理连接到某个局域网上之后，若想通过这台计算机访问该局域网上的其他计算机，或者在这台计算机上通过局域网上的其他计算机访问 Internet 网络，则要先设置该计算机的 IP 地址。

2. 掌握 IP 地址的两种配置方法并认识 MAC 地址

（1）静态 IP 配置

局域网内对 IP 地址进行了明确划分，每台主机都有一个确定的 IP 地址，此时可以选用静态配置。

（2）动态 IP 配置

在许多局域网中，IP 地址的分配由一台服务器统一进行管理，需要获取 IP 地址的主机需进行动态配置。

（3）MAC 地址

在局域网中，硬件地址又称为物理地址，或 MAC 地址。MAC 地址由 48 位二进制数组成，在出厂时就被固化在网卡的 EPROM 中。MAC 地址一般由冒号分隔的 6 个十六进制数表示，如 45：30：2b：e4：b1：42。

3. 认识 IP 地址与网关

网关是一个网络通向其他网络的 IP 地址。比如有网络 A 和网络 B，网络 A 的 IP 地址范围为 "192.168.1.1~192. 168.1.254"，子网掩码为 255.255.255.0；网络 B 的 IP 地址范围为 "192.168.2.1~192.168.2.254"，子网掩码为 255.255.255.0。在没有路由器的情况下，两个网络之间是不能进行通信的，即使是两个网络连接在同一台交换机（或集线器）上，若要实现这两个网络之间的通信，则必须通过网关，网关相当于一个通行关卡。

4. 配置 IP 地址过程

（1）在桌面上双击网上邻居，如图7.4所示。

（2）进入网上邻居后，选择"查看网络连接"，如图7.5所示。

图7.4　网上邻居

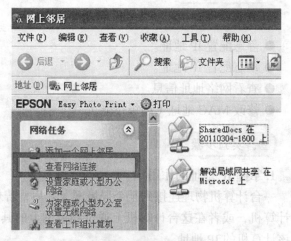

图7.5　查看网络连接

（3）进入网络连接面板，可以看到"本地连接"，如图7.6所示。

（4）选定"本地连接"点击右键，弹出菜单，点击"属性"，如图7.7所示。

图7.6　查看本地连接

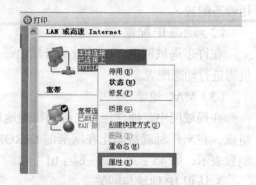

图7.7　属性命令

（5）进入"属性"面板，选定"Internet 协议（TCP/IP）"，然后点击"属性"按钮，如图7.8所示。

（6）进入 Internet 协议属性面板，在这里可以设置 IP，根据自己的要求选择"使用下面的 IP 地址"填写 IP（属于静态 IP 配置），如图 7.9 所示。

或者选择"自动获得 IP 地址"，让系统自动获取（属于动态 IP 配置），选择"自动获得 DNS 服务器地址"，如图 7.10 所示。

图7.8　属性面板

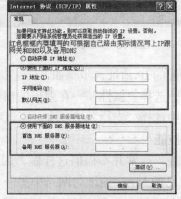
图7.9　设置IP地址

图7.10　自动获取IP地址

（7）选择完成后，点击"确定"，一直确定下去即可。

5. 查看网络地址信息

查看网络地址信息有命令和图形界面两种查看方式，方法分别如下：

（1）命令方式查看本地主机的 IP 地址、默认网关、MAC 地址等（使用 ipconfig 命令）。

方法："开始"菜单→"程序"选项→"附件"选项→选择"命令提示符"出现如图 7.11 所示界面。

图7.11　命令提示符

在其中光标闪动处输入"ipconfig"并点击回车可查看 IP 地址、默认网关，如图 7.12 所示。

图7.12　查看本地连接配置信息

在光标处输入"ipconfig/all"并点击回车可查看 MAC 地址信息，即 physical address，如图 7.13 所示。

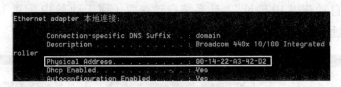

图7.13　MAC地址信息

（2）通过图形界面查看分配的 IP 地址，步骤如下：

"网上邻居"→单击右键→选择"属性"→在弹出的窗口中，找到"本地连接"并双击→在"本地连接"状态窗口中选择"支持"选项卡，可以看到 IP 配置的详细信息。

6. 修改 MAC 地址（高级技能）

可以修改网卡的 MAC 地址，通常并不提倡这样做，因为修改网卡的 MAC 地址会造成安全问题，譬如通过修改自己的 MAC 地址为网络中另一台主机 A 的 MAC 地址，这样就可捕获到到达主机 A 的数据帧。这是一种 MAC 地址欺骗。这里只是希望大家认识到网卡的 MAC 地址是可以修改的。

步骤如下：

（1）在桌面上的"网上邻居"图标上单击鼠标右键，选择"属性"。

（2）在弹出的对话框中选择"本地连接"图标，单击右键，选择"属性"，这时会弹出一个"本地连接属性"的窗口。

（3）默认是"常规"选项卡，单击右侧的"配置"按钮，进入网卡的属性对话框，如图 7.14 所示。

（4）该对话框中有五个选项卡，如图 7.15 所示。

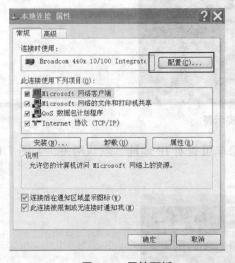

图7.14　属性面板

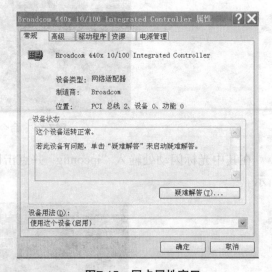

图7.15　网卡属性窗口

（5）点击图 7.15 对话框中的"高级"选项卡，在属性标识下有两项或多项，其中有一项为"Network Address"，点击该项，在对话框右边的"值"标识下有两个单选项，默认是"不存在"，现在选中上面一个单选项，然后在右边的框中输入你想修改的网卡 MAC

地址（注意，要连续输入，不要带任何分隔符），如"00E0404000A0"，点击"确定"。

（6）MAC 地址修改完成，使用命令或图形界面查看本机的 MAC 地址。

要求：本次实验主要掌握修改、配置 IP 地址的两种方法，对于 MAC 地址的修改了解即可，不建议进行修改；区分 IP 地址和默认网关的异同。

实验三　设置网络资源共享

一、实验目的

● 掌握 Windows XP 系统的共享文件夹的设置方法。
● 掌握共享打印机的设置方法。
● 掌握共享文件的使用方法。
● 掌握共享访问的故障处理的方法。

二、实验内容

● 设置文件夹共享。
● 设置打印机共享。
● 使用共享文件。
● 共享访问故障处理。

三、实验步骤

1. 准备工作

"开始"→"所有程序"→右键单击"我的电脑"→快捷菜单中选择"属性"→切换到"计算机名"标签，记录下完整的计算机名，如图 7.16 所示。

图7.16　"系统属性"对话框

点击"开始"菜单→选择"运行"→输入"cmd"命令打开命令窗口，输入"ipconfig"命令并回车，记录下本机 IP 地址，如图 7.17 所示。

图7.17　查看本机IP地址

2. 设置文件夹共享

（1）找到需要共享的文件夹，右键单击文件夹，在快捷菜单中选择"共享与安全"，在出现的对话框中单击"如果您知道在安全方面的风险，但又不想运行向导就共享文件，请单击此处"，如图 7.18 所示。

（2）在出现的对话框中选择"只启用文件共享"，并点击"确定"按钮，如图 7.19 所示。

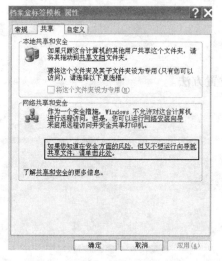

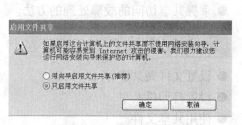

图7.18 共享与安全对话框   图7.19 启用文件共享

（3）在出现的对话框中选择"在网络上共享这个文件夹"，共享名可改可不改。如果允许其他人删除、修改文件，则选择"允许网络用户更改我的文件"，之后点击"确定"按钮，如图 7.20 所示。

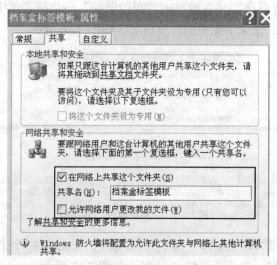

图7.20 共享文件

（4）这时文件夹将会出现被手托住的图标，表示该文件夹已被设为网络共享。

3. 访问共享文件夹

（1）在本机的资源管理器的地址栏中输入"**\\本机计算机名**"或"**\\本机的 IP 地址**"，将能看到上面设置的共享文件夹，如图 7.21 所示。

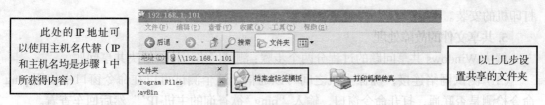

此处的 IP 地址可以使用主机名代替（IP 和主机名均是步骤 1 中所获得内容）

以上几步设置共享的文件夹

图7.21　查看共享文件

（2）在其他电脑上，启动资源管理器，在地址栏中按上一步的格式输入 "**\\ 欲访问主机的计算机名**" 或 "**\\ 欲访问计算机的 IP 地址**"，例如：**\\gao-3db4dfa2bf1** 或者 **\\192.168.1.101** 将能看到网络共享的文件夹。

4. 设置打印机共享

（1）"开始" 菜单→ "设置" → "控制面板"→打开 "打印机和传真" 窗口，如图 7.22 所示。

（2）单击打开窗口中左侧边栏的 "添加打印机"，启动 "添加打印机向导"，如图 7.23 所示。

图7.22　控制面板

图7.23　打印机和传真

（3）在安装真实的打印机时按上面默认的选择即可，但是我们现在安装的不是真实的打印机，所以不选择 "自动检测并安装即插即用打印机"，其他步骤基本单击 "下一步" 即可，但注意最后在 "打印测试页" 时选择 "否"，如图 7.24 所示。

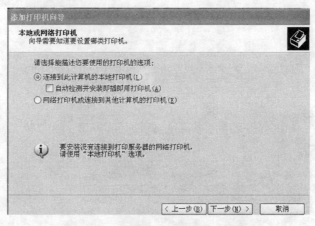

图7.24　"添加打印机向导" 对话框

（4）然后右键单击安装好的打印机，在快捷菜单中选择 "共享"，在出现的对话中选择 "共享这台打印机" 即可实现打印机共享。

（5）在另外一台计算机上选择 "安装打印机"，然后在 "添加打印机向导" 中选择 "网络打印机或连接到其他计算机的打印机"，然后基本一直 "下一步" 即可完成网络共享打印机的安装。

5. 共享文件的故障处理

解决 Windows 共享问题的过程分两个步骤：测试网络连接、解决共享问题。

（1）测试网络连接，确保主机之间可以通信。这个测试可以在命令窗口中使用 ping 命令检测是否联通，打开命令窗口，输入"ping '欲查询的主机 IP'"然后回车查看。

（2）解决共享故障。使用网上邻居访问共享资源时，由于网上邻居有延时较大的特点，往往需要较长时间才能在网上邻居中看到共享资源。

① 一般推荐使用路径访问共享资源，路径格式为"**\\计算机名\共享资源名**"或"**\\IP 地址\共享资源名**"。一般在资源管理器的地址栏中输入"**\\计算机名**"或"**\\IP 地址**"即可查看共享资源。

② 防火墙也会导致网络共享故障。网络安全很重要，所以最后开启网络防火墙，但是防火墙可能会阻断正常的网络浏览服务通信，结果是别人在网上邻居中看不到你的计算机，解决的方法是在防火墙设置中允许网络共享访问。不同的防火墙有不同的设置方法。

要求：请验证上述共享访问故障的处理过程，并填写实验报告。

第2单元　习题部分

一、操作题

1. 修改主机 IP 地址为：192.168.70.2~192.168.70.253 中任一地址；

网关为：192.168.70.254 ；

DNS 服务器为：8.8.8.8。

完成以下工作：① 使用两种方法查看自己的 IP 地址；

　　　　　　　② 检查与相邻同学的计算机是否连通。

2. 在 Windows 下，建立一个文件夹，命名为"myShare"，将该文件夹设为共享。

3. 实现打印机共享设置。

4. 运行 Internet Explorer，并完成下面操作：

某网站的主页地址是"http://www.sina.com.cn"，打开此主页，通过对 IE 浏览器参数进行设置，使其成为 IE 的默认主页。

5. 利用 Internet Explorer 浏览器提供的搜索功能，选取搜索引擎 Google（网址为：http://www.google.cn）搜索含有单词"basketball"的页面，将搜索到的第一个网页内容以文本文件的格式保存到 D 盘中，命名为"ss.txt"。

6. 利用 Internet Explorer 浏览器提供的搜索功能，选取搜索引擎 Google（网址为：http://www.google.cn）查找"申花企业"的资料，将搜索到的第一个网页另存到 D 盘中。

7. 设置网页在历史记录中保存 10 天。

8. 请运行 Internet Explorer 浏览器，并完成下面操作：某网站的地址是："http://sports.sohu.com/1/1102/40/subject204254032.shtml"，打开该网面，浏览"NBA 图片"页面，选择喜欢的图片保存到"myShare"文件夹中。

9. 在 IE 收藏夹中新建文件夹"英语学习"，将旺旺英语学习网"http://www.wwenglish.com"以"旺旺"为名，添加收藏到"英语学习"中。

10. 通过 IE 打开"http://news.sina.com.cn"，并将网页设置为脱机工作。

11. 查找最近访问过的网页。

12. 请按照下列要求，利用 Outlook Express 发送邮件：

收件人邮箱地址为：a@163.com ；

　　　　并抄送给：b@163.com ；

邮件主题：小行的邮件；

邮件内容：朋友们，这是我的邮箱，有空常联系！你的朋友小行。

附件内容：任意添加一张图片。

13. 打开网页"http://www.126.com"，申请免费邮箱，并完成以下任务：

① 给同学发邮件，并将"ss.txt"作为附件形式发送；

② 将收到的邮件转发给其他同学；

③ 自己写一封邮件，同时发送给 5 位同学；

④ 将同学的邮箱地址添加到"地址簿"中；

⑤ 删除自己收到的邮件。

二、选择题

1. 计算机网络按其覆盖的范围，可划分为（　　　）。

  A. 以太网和移动通信网   B. 电路交换网和分组交换网

  C. 局域网、城域网和广域网   D. 星形结构、环形结构和总线结构

2. 下列域名中，表示教育机构的是（　　　）。

  A. ftp.bta.net.cn   B. ftp.cnc.ac.cn

  C. www.ioa.ac.cn   D. www.buaa.edu.cn

3. 统一资源定位器 URL 的格式是（　　　）。

  A. 协议 ://IP 地址或域名 / 路径 / 文件名 B. 协议 :// 路径 / 文件名

  C. TCP/IP 协议   D. http 协议

4. 下列各项中，非法的 IP 地址是（　　　）。

  A. 126. 96. 2. 6   B. 190. 256. 38. 8

  C. 203. 113. 7. 15   D. 203. 226. 1. 68

5. Internet 在中国被称为因特网或（　　　）。

  A. 网中网   B. 国际互联网   C. 国际联网   D. 计算机网络系统

6. 下列不属于网络拓扑结构形式的是（　　　）。

  A. 星形   B. 环形   C. 总线   D. 分支

7. 因特网上的服务都是基于某一种协议，Web 服务是基于（　　　）。

  A. SNMP 协议   B. SMTP 协议   C. HTTP 协议   D. TELNET 协议

8. 电子邮件是 Internet 应用最广泛的服务项目，通常采用的传输协议是（　　　）。

  A. SMTP   B. TCP/IP   C. CSMA/CD   D. IPX/SPX

9. （　　　）是指连入网络的不同档次、不同型号的微机，它是网络中实际为用户操作的工作平台，它通过插在微机上的网卡和连接电缆与网络服务器相连。

  A. 网络工作站   B. 网络服务器   C. 传输介质   D. 网络操作系统

10. 计算机网络的目标是实现（　　　）。

  A. 数据处理   B. 文献检索

  C. 资源共享和信息传输   D. 信息传输

11. 当个人计算机以拨号方式接入 Internet 网时，必须使用的设备是（　　　）。

  A. 网卡   B. 调制解调器（Modem）

  C. 电话机   D. 浏览器软件

12. 通过 Internet 发送或接收电子邮件（E-mail）的首要条件是应该有一个电子邮件（E-mail）地址，它的正确形式是（　　　）。

  A. 用户名 @ 域名   B. 用户名 # 域名

  C. 用户名 / 域名   D. 用户名 . 域名

13. 目前网络传输介质中传输速率最高的是（　　　）。

　　A. 双绞线　　　　　　B. 同轴电缆　　　　　C. 光缆　　　　　　　D. 电话线

14. 在下列四项中，不属于 OSI（开放系统互联）参考模型七个层次的是（　　　）。

　　A. 会话层　　　　　　B. 数据链路层　　　　C. 用户层　　　　　　D. 应用层

15.（　　）是网络的心脏，它提供了网络最基本的核心功能，如网络文件系统、存储器的管理和调度等。

　　A. 服务器　　　　　　B. 工作站　　　　　　C. 服务器操作系统　　D. 通信协议

16. 计算机网络大体上由两部分组成，它们是通信子网和（　　　）。

　　A. 局域网　　　　　　B. 计算机　　　　　　C. 资源子网　　　　　D. 数据传输介质

17. 传输速率的单位是 bps, 表示（　　　）。

　　A. 帧 / 秒　　　　　　B. 文件 / 秒　　　　　C. 位 / 秒　　　　　　D. 米 / 秒

18. 在 INTERNET 主机域名结构中，下面子域（　　　）代表商业组织结构。

　　A. COM　　　　　　　B. EDU　　　　　　　C. GOV　　　　　　　D. ORG

19. 一个局域网，其网络硬件主要包括服务器、工作站、网卡和（　　　）等。

　　A. 计算机　　　　　　B. 网络协议　　　　　C. 传输介质　　　　　D. 网络操作系统

20. 关于电子邮件，下列说法中错误的是（　　　）。

　　A. 发送电子邮件需要 E-mail 软件支持　　　B. 发件人必须有自己的 E-mail 账号

　　C. 收件人必须有自己的邮政编码　　　　　　D. 必须知道收件人的 E-mail 地址

21. 下列各项中，不能作为域名的是（　　　）。

　　A. www.aaa.edu.cn　　　　　　　　　　　B. ftp.buaa.edu.cn

　　C. www.bit.edu.cn　　　　　　　　　　　D. www.lnu.edu.cn

22. OSI（开放系统互联）参考模型的最低层是（　　　）。

　　A. 传输层　　　　　　B. 网络层　　　　　　C. 物理层　　　　　　D. 应用层

23. 下列属于微机网络所特有的设备是（　　　）。

　　A. 显示器　　　　　　B. UPS 电源　　　　　C. 服务器　　　　　　D. 鼠标器

24. 信道上可传送信号的最高频率和最低频率之差称为（　　　）。

　　A. 波特率　　　　　　B. 比特率　　　　　　C. 吞吐量　　　　　　D. 信道带宽

25. 与 Internet 相连的计算机，不管是大型的还是小型的，都称为（　　　）。

　　A. 工作站　　　　　　B. 主机　　　　　　　C. 服务器　　　　　　D. 客户机

参考答案

一、操作题（略）

二、选择题

1-5 CDABB　　　　　　　7-10 DCAAC　　　　　　11-15 BACCC

17-20 CCACC　　　　　　21-25 CCCDA

第八章
多媒体技术基础

本章重点

★ 掌握多媒体的概念
★ 多媒体计算机的系统组成
★ 多媒体技术
★ 多媒体技术的应用领域

第1单元 多媒体技术概述

I.多媒体技术概述

（1）多媒体和多媒体技术的概念。媒体的概念在计算机中有两种含义，一种是指传播信息的载体，例如语言、文字、图像、视频、音频等；一种是指储存信息的载体，例如ROM、RAM、磁带、磁盘、光盘等，多媒体主要载体有CD-ROM、VCD、网页等。

多媒体技术是指把文本、图形、图像、动画和声音等形式的信息结合在一起，通过计算机进行综合处理和控制，支持完成一系列交互式操作的信息技术，它改变了人们获取信息的传统方法，符合人们当前时代的阅读方式。

（2）多媒体技术的用途。多媒体技术拓宽了计算机的使用领域，使计算机由办公室和实验室中的专用工具变成了信息社会的通用工具，广泛应用于生产管理、学校教育、公共信息查询等领域，多媒体技术的应用正在向两个方面发展：一是网络化发展，将多媒体技术与网络宽带通信技术相互结合；二是多媒体终端的部件化、智能化和嵌入式化发展，提高计算机本身的多媒体性能。

II.多媒体计算机

为了改善人机交互的接口，使计算机能够集声、文、图、影像处理于一体，有多媒体处理能力的计算机便应运而生，即多媒体计算机。

III.多媒体计算机系统的特点

（1）多媒体信息的集成性。能够对信息进行多通道统一获取、存储、组织与合成。

（2）多媒体技术的控制性。多媒体技术是以计算机为中心，综合处理和控制多媒体信息，并按人的要求以多种媒体形式表现出来，同时作用于人的感官。

（3）多媒体技术的交互性。交互性是多媒体应用有别于传统信息交流媒体的主要特点之一。传统信息交流媒体只能单向被动地传播信息，而多媒体技术则是可以实现对信息的主动选择和控制。

（4）多媒体技术的实时性。当用户给出操作命令时，相应的多媒体信息都能够得到实时控制。

IV.多媒体信息的类型

（1）文本。文本是以文字和各种专用符号表达信息的形式，它是现实生活中使用最多的一种信息存储和传递方式，它主要用于对知识的描述性表示，如概念、定义等。

（2）图像。图像是多媒体软件中最重要的信息表现形式之一，它是多媒体软件中视觉效果的关键因素。

（3）动画。动画是利用人的视觉暂留特性，快速播放一系列连续运动变化的图形图像，也包括缩放、旋转、变换、淡入淡出等特殊效果。通过动画可以把抽象的内容形象化，使许多难以理解的教学内容变得生动有趣。

（4）声音。声音是人们用来传递信息，交流感情最方便、最熟悉的方式之一。

（5）视频。视频影像具有时序性与丰富的信息内涵，常用于交代事物的发展过程。

V.多媒体技术研究的主要内容

（1）视频和音频数据的压缩和解压缩技术。

多媒体数据的压缩和编码技术是多媒体技术中最关键的核心技术。

多媒体压缩的方法有 JPEG 和 MPEG 两种。

JPEG 采用 DCT（离散余弦）算法实现，MPEG 是动态压缩标准。

MPEG-1 压缩媒体运动图像和声音的产品分别是 VCD 和 MP3。

MPEG-2 压缩的数字标准产品是 VCD。

（2）专用芯片：由于多媒体计算机要进行大量的数字信号处理，使用专用芯片，以减轻 CPU 压力。

（3）媒体信息检索技术：辅助教育、多媒体电子出版物，交互电视、视频会议、网络教学。

VI．制作多媒体的软件

多媒体编辑工具包括文字处理软件、图形图像处理软件、动画制作软件、声音编辑软件及视频播放软件。

（1）文字处理软件：记事本、写字板、Word 等。

（2）图形图像处理软件：Photoshop、CorelDraw、Freehand 等。

（3）动画制作软件：Falsh、Autodesk、3DSMAX 等。

（4）声音编辑软件：Windows 自带录音机、CoolEdit、WaveEdit 等。

（5）视频播放软件：暴风影音、RealPlayer 等。

VII．图像文件的格式

（1）.bmp 文件：windows 采用的图像文件存储格式。

（2）.gif 文件：联机图形交换使用的一种图像文件格式。

（3）.tiff 文件：二进制文件格式。

（4）.png 文件：图像文件格式。

（5）.wmf 文件：绝大多数 windows 应用程序可以有效处理的格式。

（6）.dxf：一种向量格式。

VIII．视频文件格式

（1）avi 格式：windows 操作系统中数字视频文件的标准格式。

（2）.mov 格式：QuickTime for windows 视频处理软件所采用的格式。

第2单元　实验部分

实验一　图像浏览器的使用

一、实验目的

熟悉图像浏览，了解图片传真查看器的基本按钮。

二、实验内容

熟悉图像传真查看器的工具栏按钮的功能。

图8.1　Windows图片和传真查看器　　图8.2　Windows图片和传真查看器标准工具栏

"上一个图像"按钮：转到文件夹中的上一个图像。

"下一个图像"按钮：转到文件夹中的下一个图像。

"最佳适应"按钮：缩小或放大图像，以适应窗口的当前大小（除非图像已处于最佳大小状态），快捷键为 Ctrl + B 。

"实际大小"按钮：在不进行缩放的情况下显示图像，快捷键为 Ctrl + A 。

"开始放映幻灯片"按钮：以幻灯片形式显示文件中的每个图像。使用右上角幻灯片工具栏开始、暂停、浏览或结束幻灯片，快捷键为 F11 。

"放大"按钮：将显示的图像放大一倍，快捷键为 + 。

"缩小"按钮：将显示的图片缩小一倍，快捷键为 - 。

"顺时针旋转"按钮：将图像顺时针旋转 90°，快捷键为 Ctrl + K 。

"逆时针旋转"按钮：将图像逆时针旋转 90°，快捷键为 Ctrl + L 。

"删除图像"按钮：删除图像。Windows 会提示确认确实要删除的图像。如果单击"是"按钮，则删除图像，并显示下一个图像。如果没有更多图像，窗口会空白。快捷键为 Delete 。

"打印"按钮：打印当前文件，快捷键为 Ctrl + P 。

"复制到"按钮：将图像文件复制到其他位置。

"帮助"按钮：显示"帮助"文件，快捷键为 F1 。

实验二　下载软件的安装

一、实验目的

如何用下载软件下载视频资料

二、实验步骤

练习用下载软件下载视频资料

（1）下载安装迅雷软件，如图 8.3 所示。

（2）选择下载通道，如图 8.4 所示。

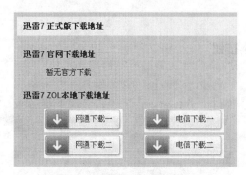

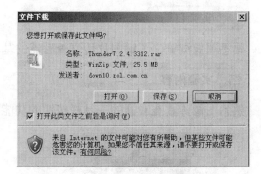

图8.3　迅雷下载地址窗口　　　　　　图8.4　"文件下载"窗口

（3）点"保存"按钮出现如图 8.5 所示。

（4）点"保存"按钮就会出现如图 8.6 所示窗口。

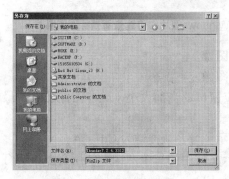

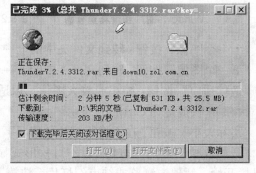

图8.5　"另存为"对话框　　　　　　图8.6　下载窗口

（5）下载结束后关闭。

（6）迅雷软件打开后的界面。

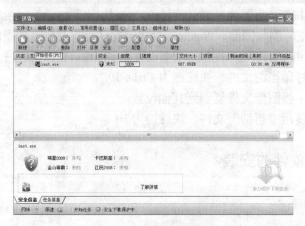

图8.7　打开的迅雷界面

第3单元 习题部分

一、选择题

1. 多媒体计算机中的媒体信息是指（　　　）。
   （1）文字　　（2）声音、图形　　（3）动画、视频　　（4）图像
   A.（1）　　　　　　　B.（2）　　　　　　　C.（3）　　　　　　　D. 全部

2. 多媒体技术的主要特性有（　　　）。
   （1）多样性　　（2）集成性　　（3）交互性　　（4）可扩充性
   A.（1）　　　　　　　B.（1）（2）　　　　　C.（1）（2）（3）　　　D. 全部

3. 在多媒体计算机中常用的图像输入设备是（　　　）。
   （1）数码照相机　　（2）扫描仪　　（3）摄像机　　（4）投影仪
   A.（1）　　　　　　　B.（1）（2）　　　　　C.（1）（2）（3）　　　D. 全部

4. 常见的视频卡的种类有（　　　）。
   （1）视频采集卡　　（2）电影卡　　（3）电视卡　　（4）视频转换卡
   A.（1）　　　　　　　B.（1）（2）　　　　　C.（1）（2）（3）　　　D. 全部

5. 已知一帧彩色静态图像（RGB）的分辨率为640*480，每种颜色用 8bit 表示，30 帧 / 秒，
   则每秒钟的数据量为（　　　）。
   A. 640*480*8*3*30b　　　　　　　　　　B. 640*480*8*30b
   C. 640*480*8*3*30B　　　　　　　　　　D. 640*480*8*30B

6. 下列哪种说法是正确的（　　　）。
   A. 信息量等于数据量与冗余量之和
   B. 信息量等于信息熵与冗余量之差
   C. 信息量等于数据量与冗余量之差
   D. 信息量等于信息熵与冗余量之和

7. 视频图像序列中的两幅相邻图像，后一幅于前一幅图像之间有较大的相关性，这
   是（　　　）。
   A. 空间冗余　　　B. 时间冗余　　　C. 信息熵冗余　　　D. 视觉冗余

8. 数字音频获取与处理过程中，下述哪个是正确的（　　　）。
   A. A/D 变换、采样、压缩、存储、解压缩、D /A 变换
   B. 采样、A/D 变换、压缩、存储、解压缩、D /A 变换
   C. 采样、A/D 变换、压缩、存储、解压缩、D /A 变换
   D. 采样、D/A 变换、压缩、存储、解压缩、A /D 变换

9. 评价图像压缩技术性能的重要指标是（　　　）。
   A. 压缩比　　　　　B. 图像质量　　　　C. 压缩与解压缩速度　　D. 标准化

10. 请根据多媒体的特性判断以下哪些属于多媒体的范畴?
    （1）交互式视频游戏　　（2）有声图书　　（3）彩色画报　　（4）彩色电视
    A. 仅（1）　　　　　　B.（1）（2）　　　　C.（1）（2）（3）　　　D. 全部

11.要把一台普通的计算机变成多媒体计算机要解决的关键技术是（　　　）。

（1）视频音频信号的获取　　　　　（2）多媒体数据压编码和解码技术

（3）视频音频数据的实时处理和特技　（4）视频音频数据的输出技术

　A.（1）（2）（3）　　B.（1）（2）（4）　　C.（1）（3）（4）　　　D.全部

12.多媒体技术未来发展的方向是（　　　）。

（1）高分辨率，提高显示质量　　　　（2）高速度化，缩短处理时间

（3）简单化，便于操作　　　　　　　（4）智能化，提高信息识别能力

　A.（1）（2）（3）　　B.（1）（2）（4）　　　C.（1）（3）（4）　　　　D.全部

二、简答题

1.媒体可分为哪几类？

2.数字音频的主要技术参数有哪些？

3.图像、视频的主要技术参数有哪些？

4.多媒体数据存在哪些类型的冗余？

5.常用的变换编码有哪些，变换编码如何压缩数据？

6.JPEG 标准的基本系统中压缩过程有哪几步？每步是如何工作的？

7.什么是 MIDI？它与波形声音的本质区别是什么？

8.试述多媒体软件的层次结构。

9.试述 Authorware 的各图标的含义及作用？

10.什么是 Director 的角色？Director 角色的作用是什么？

11.OpenGL 的常用函数有哪些？库函数的前缀分别是什么？

12.多媒体数据库基于内容检索的工作过程是什么？

参考答案：

一、选择题

1-5　DDCDA　　　　　6-10　DAABD　　　　　11-12　DD

二、简答题（略）

第九章
信息安全

★ 信息安全基本概念

★ 计算机病毒的概念，计算机病毒的预防

★ 防火墙的概念和作用

★ Windows XP 操作系统安全

★ 电子商务和电子政务安全

★ 信息安全政策与法规

第1单元　实验部分

实验一　杀毒软件的安装

一、预备知识

计算机病毒相关概念，计算机病毒的危害，计算机病毒的防治。

二、实验目的

以 Symantec 企业版杀毒软件为例，通过对软件的安装、升级、使用的操作进行实践，加强对计算机病毒的认识，加深对计算机安全的理解和重视。

三、实验内容

以 Symantec 企业版杀毒软件为例，实际操作安装杀毒软件。

四、实验步骤

注意：安装前，请先卸载其他杀毒软件。

多种杀毒软件安装在同一台计算机上会相互影响，使之不能正常工作，所以在安装 Symantec 之前，需要先卸载。有三种方式进行卸载：

● 使用 Windows "控制面板" 中的 "添加/删除程序"。
● 使用第三方辅助软件进行卸载，如 360 安全卫士。
● 使用杀毒软件自带的卸载程序。

具体安装流程

（1）将 "Symantec 杀毒企业版" 光盘放入计算机光驱。

（2）打开并在光盘中寻找 文件双击运行，出现如图 9.1 所示的提示。

图9.1　安装程序界面

（3）首先进入下一步。

（4）阅读《授权许可协议》的内容，如果不同意请选择取消按钮退出，如果同意请选择"我接受授权许可协议中的条款"选项并点击下一步，如图 9.2 所示。

（5）邮件管理单元安装，可根据个人需要进行选择，并点击下一步，如图 9.3 所示。

图9.2　授权许可协议

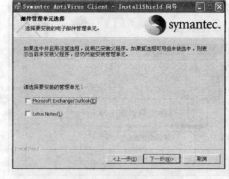

图9.3　邮件管理单元安装

（6）点击"更改"按钮选择软件安装的地址，并点击下一步，如图 9.4 所示。

（7）选择该软件是否由安装服务器版 Symantec 的计算机进行统一管理，按照自己的需求进行选择，并点击下一步，如图 9.5 所示。

图9.4　选择软件安装地址

图9.5　网络安装类型

（8）选择是否开启文件系统实时防护，建议开启，并点击下一步如图 9.6 所示。

（9）选择是否保持最新的病毒定义，建议开启，并点击下一步，如图 9.7 所示。

图9.6　是否开启文件系统实时防护

图9.7　是否最新的病毒定义

（10）之前的选项确定不用更改后，点击安装，进行 Symantec 企业版的安装，如图 9.8 所示。

（11）安装完成，出现 Symantec 公司技术支持，用户可以按照显示的网址对相关技术和产品进行了解和查询，记录后点击下一步，如图 9.9 所示。

图9.8　进行Symantec企业版的安装　　　　图9.9　Symantec公司技术支持

（12）点击完成，完成 Symantec 企业版杀毒软件的安装，如图 9.10 所示。

图9.10　完成Symantec企业版杀毒软件的安装

（13）对于安装过程中出现的如图 9.11 所示提示框可以暂时不用理睬，直接点击关闭，等软件完全安装完再进行处理。

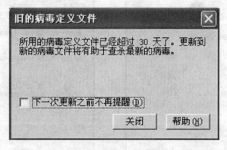

图9.11　"旧的病毒定义文件"对话框

实验二 杀毒软件病毒定义文件的升级

一、预备知识

计算机病毒定义文件概念，计算机病毒定义文件的获取。

二、实验目的

以 Symantec 企业版杀毒软件为例，通过对病毒定义文件的升级操作进行实践，加强对计算机病毒库的认识，加深对升级计算机病毒库的必要性的重视。

三、实验内容

以 Symantec 企业版杀毒软件为例，实际操作对杀毒软件病毒定义文件的升级。

四、实验步骤

（1）打开已安装的 Symantec 杀毒软件。

（2）查看病毒定义文件的版本，如果与当前时间相差一周以上，请点击版本时间右侧的"LiveUpdate"按钮，如图 9.12 所示。

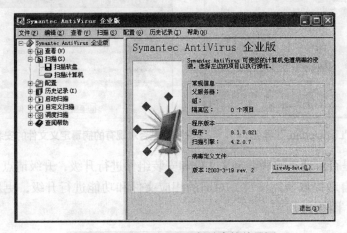

图9.12　Symantec企业版杀毒软件界面

（3）查看已安装的 Symantec 组件，在获取更新前，点击"配置"按钮，如图 9.13、图 9.14 所示。

图9.13　查看已安装的Symantec组件　　　　图9.14　Symantec杀毒软件的配置

（4）更改更新获取途径后，点击确定回到"LiveUpdate"界面，点击下一步，如图 9.15 所示。

（5）检查到病毒定义文件或者安装组件网络上存在更新时，点击下一步，"LiveUpdate" 会自动下载新的安装组件和病毒定义文件，下载完成后弹出对话框，如图 9.16 所示。

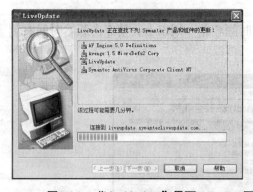

图9.15　"LiveUpdate"界面　　　　图9.16　是否对现有的病毒定义文件的安装组件进行升级

（6）确认是否对现有的病毒定义文件和安装组件进行升级，升级请点击"是"。

（7）软件自动提取所需文件，对旧的相应文件和功能进行升级，更新完成弹出对话框，如图 9.17、图 9.18 所示。

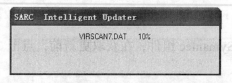

图9.17　对旧的相应文件和功能进行升级

图9.18　更新完成

（8）更新完成，这时候打开 Symantec 杀毒应用程序，在病毒定义文件版本处可以看到最近的病毒和组件定义。

在该杀毒软件使用过程中，一般一周时间做一次升级工作。如果在 30 天的时间内没有进行升级工作，系统会出现提示，这时候的计算机一般对新病毒的抵御能力是比较弱的，应尽快进行升级，如图 9.19 所示。

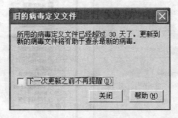

图9.19　"旧的病毒定义文件"对话框

实验三　杀毒软件的使用

一、预备知识

计算机病毒相关概念，计算机病毒的危害，杀毒软件工作原理。

二、实验目的

以 Symantec 企业版杀毒软件为例，通过对软件的使用的操作进行实践，加强对计算机安全的认识，加深对计算机保护的理解和重视。

三、实验内容

以 Symantec 企业版杀毒软件为例，实际操作对杀毒软件的使用。

四、实验步骤

（1）从开始菜单打开已经安装的 Symantec 杀毒软件，如图 9.20 所示。

出现 Symantec 企业版主界面，如图 9.21 所示。

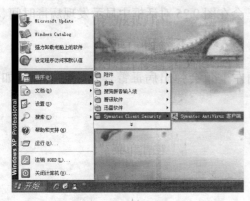

图9.20

图9.21

（2）将 Symantec 主界面左侧的菜单项展开，如图 9.22 所示。

（3）选择最常用的"扫描计算机"选项，如图 9.23 所示。

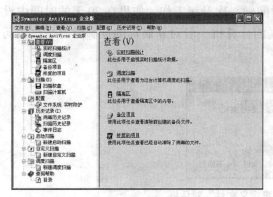

图9.22

图9.23　选择"扫描计算机"选项

（4）在需要扫描病毒的逻辑盘之前进行勾选，点击"选项"按钮，如图 9.24 所示。

（5）在"扫描选项"对话框内对扫描过程中进行的工作进行设定，点击"扫描"按钮，如图 9.25 所示。

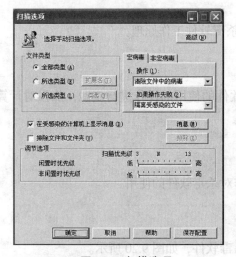

图9.24　扫描选项

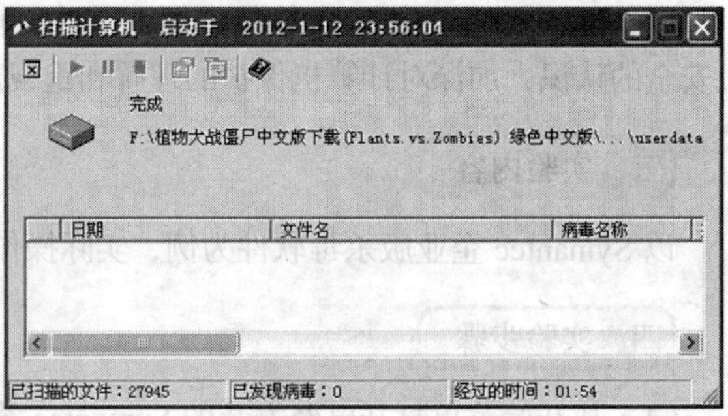

图9.25　扫描

（6）完成设定的扫描，如果发现病毒危险，会在图 9.25 对话框中显示发现病毒时间、受感染的文件名、病毒名称等信息。

（7）开启文件系统的实时防护。

实时防护过程中如果发现病毒危险，桌面左上角会弹出病毒警告及处理结果，如图 9.27 所示。

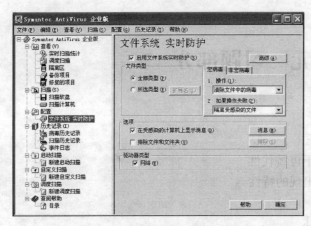

图9.26 开启文件系统实时防护

图9.27 病毒警告及处理结果

（8）在杀毒软件使用过程中，还包括定制扫描、病毒历史记录、查看被隔离的病毒文件、恢复被隔离的文件等操作，这个可以在具体的实际操作中具体实践。

五、实验总结

本章仅以 Symantec 企业版杀毒软件为例，介绍了杀毒软件的安装、病毒定义文件的升级、杀毒软件的使用三部分的内容，不同的杀毒软件在应用中都包括这三部分的操作，具体的操作过程中可能会存在差异，根据个人习惯不同，课下可以对其他杀毒软件的具体操作进行实践。

目前国内应用比较广泛的杀毒软件主要有：360 杀毒软件、瑞星杀毒软件等；国外比较知名的杀毒软件除了本文介绍的 Symantec 之外，还包括卡巴斯基、Mcafee 等软件。

第2单元 习题部分

一、选择题

1. 下列哪些不是计算机犯罪的特征（　　）。
   A. 计算机本身的不可或缺性和不可替代性
   B. 在某种意义上作为犯罪对象出现的特性
   C. 行凶所使用的凶器
   D. 明确了计算机犯罪侵犯的客体

2. 在新刑法中，下列哪条犯罪不是计算机犯罪（　　）。
   A. 利用计算机犯罪　　　　　　　　　B. 故意伤害罪
   C. 破坏计算机信息系统罪　　　　　　D. 非法侵入国家计算机信息系统罪

3. 对犯有新刑法第285条规定的非法侵入计算机信息系统罪可处（　　）。
   A. 三年以下的有期徒刑或者拘役　　　B. 1000元罚款
   C. 三年以上五年以下的有期徒刑　　　D. 10000元罚款

4. 行为人通过计算机操作所实施的危害计算机信息系统（包括内存数据及程序）安全以及其他严重危害社会的并应当处以刑罚的行为是（　　）。
   A. 破坏公共财物　　　　　　　　　　B. 破坏他人财产
   C. 计算机犯罪　　　　　　　　　　　D. 故意伤害他人

5. 计算机犯罪主要涉及刑事问题、民事问题和（　　）。
   A. 隐私问题　　　B. 民生问题　　　C. 人际关系问题　　　D. 上述所有问题

6. 黑客攻击造成网络瘫痪，这种行为是（　　）。
   A. 违法犯罪行为　　　B. 正常行为　　　C. 报复行为　　　　D. 没有影响

7. 信息系统安全保护法律规范的基本原则是（　　）。
   A. 谁主管谁负责的原则、突出重点的原则、预防为主的原则、安全审计的原则和风险管理的原则
   B. 突出重点的原则、预防为主的原则、安全审计的原则和风险管理的原则
   C. 谁主管谁负责的原则、预防为主的原则、安全审计的原则和风险管理的原则
   D. 谁主管谁负责的原则、突出重点的原则、安全审计的原则和风险管理的原则

8. 计算机信息系统可信计算基能创建和维护受保护客体的访问审计跟踪记录，并能阻止非授权的用户对它访问或破坏，这种做法是（　　）。
   A. 审计　　　　　　B. 检查　　　　　　C. 统计　　　　　　　D. 技术管理

9. 故意输入计算机病毒以及其他有害数据危害计算机信息系统安全的个人，由公安机关（　　）。
   A. 处以警告或处以5000元以下的罚款
   B. 三年以下有期徒刑或拘役
   C. 处以警告或处以15000元以下的罚款
   D. 三年以上五年以下有期徒刑

10. 编制或者在计算机程序中插入的破坏计算机功能或者毁坏数据，影响计算机使用，并能自我复制的一组计算机指令或者程序代码是（　　）。

    A. 计算机程序　　　　B. 计算机病毒　　　　C. 计算机游戏　　　　D. 计算机系统

11.《垃圾邮件处理办法》是（　　）。

    A. 中国电信出台的行政法规　　　　　　B. 地方政府公布地方法规

    C. 国务院颁布国家法规　　　　　　　　D. 任何人的职权

12. 协助公安机关查处通过国际联网的计算机信息网络的违法犯罪行为是（　　）。

    A. 公民应尽的义务

    B. 从事国际联网业务的单位和个人的义务

    C. 公民应尽的权利

    D. 从事国际联网业务的单位和个人的权利

13. 根据《信息网络国际联网暂行规定》在我国境内的计算机信息网络直接进行国际联网（　　）可以使用。

    A. 邮电部国家共用电信网提供的国际出入口信道

    B. 其他信道

    C. 单位自行建立信道

    D. 个人自行建立信道

14. 根据《信息网络国际联网暂行规定》对要从事且具备经营接入服务条件的单位需要向互联单位主管部门或者主管单位提交（　　）。

    A. 银行的资金证明

    B. 接入单位申请书和接入网络可行性报告

    C. 采购设备的清单

    D. 组成人的名单

二、简答题

1. 简述什么是侵入计算机信息系统罪。

2. 简述计算机犯罪的实质特征。

3. 一些人为了炫耀自己的计算机水平，对他人的计算机系统进行攻击，这种行为是否违法？

4. 信息系统安全保护法律规范的特征包括哪些？

5. 我国制定实行的信息安全等级各是什么名称？

6. 假设某人在家使用计算机时受到"黑客"的攻击而被破坏，请问受到法律的保护吗，为什么？

三、上机操作题

以 360 杀毒软件为例，进行如下实践操作：

1. 下载 360 免费杀毒软件安装文件。

2. 360 杀毒软件的安装。

3. 360 杀毒软件的病毒文件的升级。

4. 360 杀毒软件的使用。

参考答案

一、选择题

1-5 CBACA   6-10 AAAAB   11-14 ABAB

二、简答题

1. 侵入计算机信息系统罪，是指违反国家规定，侵入国家事务、国防建设、尖端科学技术领域的计算机信息系统的行为。

2. 计算机犯罪中，计算机本身的不可或缺性和不可替代性和在某种意义上作为犯罪对象出现的特性就是计算机犯罪的实质特征。

3. 这种行为是违法行为。

4. 命令性、强行性、禁止性。

5. 第一级：用户自主保护级；第二级：系统审计保护级；第三级：安全标记保护级；第四级：结构化保护级；第五级：访问验证保护级。

6. 是受法律保护的。

三、上机操作题

答案（略）